ニュートン式
超図解
最強に面白い!!

中高数学

はじめに

中学校や高校で習う数学は，いったい何の役に立つんだ！　と思ったことがある人もいるのではないでしょうか。学校のテストや受験勉強に追われているうちに，そう思ってしまうのはしかたがないことかもしれません。

しかし数学は，とても役に立つ学問です。資産の運用には「数列」が役立ちますし，感染症の感染者数の予測には「指数関数」が必要です。また，テレビゲームには，「ベクトル」と「行列」が使われています。そして「微分積分」をはじめとして，中学校や高校で習う数学の多くは，自然界のしくみを解き明かす物理学にとって，必要不可欠な道具として使われているのです。

本書では，中学校と高校で習う数学の重要項目を，1冊に凝縮したものです。“最強に”面白い話題をたくさんそろえましたので，どなたでも楽しく読み進めることができます。中高数学の世界を，どうぞお楽しみください！

ニュートン式 超図解 最強に面白い!!

中高数学

イントロダクション

1.「数」を使いこなそう

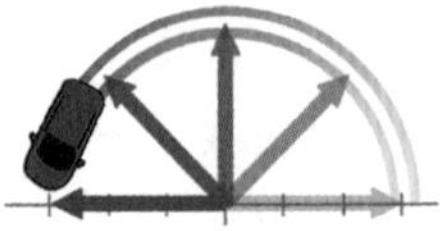

2.「関数」を使いこなそう

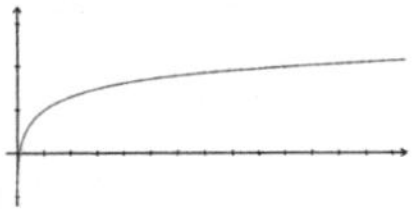

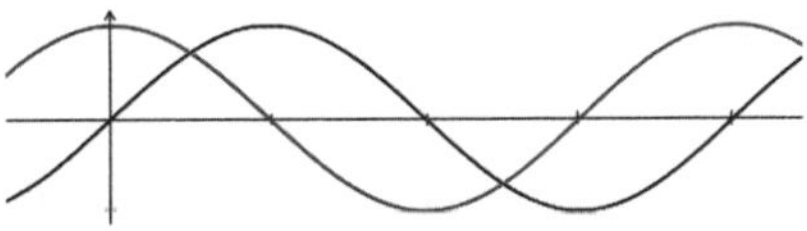

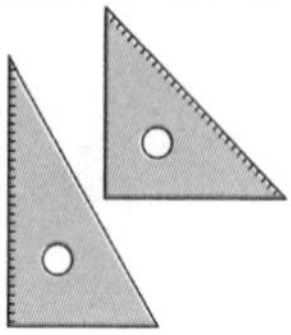

3.「微分積分」を使いこなそう

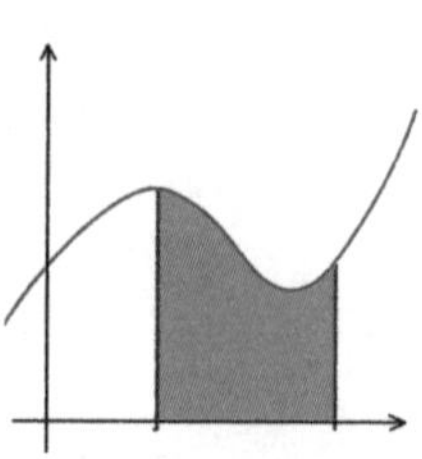

4.「確率と統計」を使いこなそう

イントロダクション

中学校や高校の数学では，どのような単元を学ぶのでしょうか。イントロダクションでは，中高数学の全体像を，簡単にみてみましょう。

— 中高数学の全体像 —

1 数学は，数や量，図形などの性質を探る学問

中学校では，五つの分野について学ぶ

数学は，数や量，図形などの性質を探る学問です。

右は，中学校と高校の数学で学ぶ内容を，一つの表にまとめたものです。表の上段にしるしたのが，中学校で学ぶ内容です。**中学校で学ぶ内容は，「数と式」「図形」「関数」「データの活用」「数学的活動」の五つの分野に分かれています。**一方，表の下段にしるしたのが，高校で学ぶ内容です。関連性がわかりやすいように，高校で学ぶ内容も，中学校で学ぶ五つの分野に分けてしるしました。

高校で学ぶ内容は，人によってことなる

高校の数学は，「数学Ⅰ」「数学Ⅱ」「数学Ⅲ」「数学Ａ」「数学Ｂ」「数学Ｃ」の六つの科目からなります。数学Ⅰ～Ⅲは内容をすべて学ぶ科目，数学Ａ～Ｃは内容を選択して学ぶ科目です。そのため高校で学ぶ内容は，人によってことなります。**数学的な見方や考え方をはたらかせ，数学的な活動を通して，数学的に考える資質や能力を身につける。それが高校の数学の目標です。**

この本では，中学校と高校の数学の中で，とくにつまづきやすいといわれている単元を取り上げます。

中高の数学で学ぶ内容

中学校と高校の数学で学ぶ内容を，表にまとめました。

	A. 数と式	B. 図形	C. 関数	D. データの活用	E. 数学的活動
中学1年	・正の数・負の数 ・文字を用いた式 ・一元一次方程式（比例式）	・平面図形 ・空間図形	・比例，反比例 ・グラフ	・データの分布の傾向	・日常の事象や社会の事象を数理的にとらえ，問題を解決する。 ・数学の事象から問題を見いだし，解決する。 ・問題の解決の過程や結果を振り返り，考察する。 ・数学的な表現を用いて論理的に説明し，伝える。 など
中学2年	・文字を用いた式の四則計算 ・連立二元一次方程式	・基本的な平面図形と平行線の性質 ・図形の合同	・一次関数	・データの分布の比較 ・場合の数をもとにして得られる確率	
中学3年	・平方根 ・式の展開と因数分解 ・二次方程式	・図形の相似 ・円周角と中心角 ・三平方の定理	・関数$y=ax^2$	・標本調査	
高校数学Ⅰ	・数と式	・図形と計量	・二次関数	・データの分析	
高校数学A		・図形の性質		・場合の数と確率	・数学と人間の活動
高校数学Ⅱ	・いろいろな式	・図形と方程式	・指数関数・対数関数 ・三角関数 ・微分・積分の考え		
高校数学B	・数列			・統計的な推測	・数学と社会生活
高校数学Ⅲ			・極限 ・微分法 ・積分法		
高校数学C	・ベクトル ・平面上の曲線と複素数平面				・数学的な表現の工夫

注：2022年4月開始の学習指導要領にもとづいたものです。高校の数学Aは，数学Ⅰと並行して学ぶか，数学Ⅰのあとに学びます。数学BとCは，数学Ⅰのあとに学びます。

1.「数」を使いこなそう

中学校や高校の数学では，「無理数」「実数」「虚数」などの数を学びます。これらの数が何を意味するのかをしっかり理解することが，中高数学の基礎となります。第1章では，さまざまな数についてみていきましょう。

— 正と負の数 —

1 負の数を使えば，過去や反対方向をあらわせる！

1秒前を，「－1秒後」と考える

中学校の数学での最初のつまずきポイントは，「負（マイナス）の数」でしょう。**負の数の計算でとくに混乱しやすいのが，負の数どうしのかけ算（負×負＝正）です。**ここでは「速度×時間＝距離」を使って，負の数のかけ算を考えてみます。

右のイラストのように，右を正の方向とします。速度が秒速3メートルの車の1秒後の位置は，「3×1＝3」（正×正＝正）です。この車は，1秒前には3メートル左にいました。1秒前を「－1秒後」，3メートル左を「－3メートル」と考えると，「3×（－1）＝－3」とあらわせます。このことから，**「正×負＝負」**だとわかります。

負の方向は，「秒速－3メートル」と考える

今度は，左の負の方向に秒速3メートルで進んでいる車を考えます。左に秒速3メートルを「秒速－3メートル」と考えると，「（－3）×1＝－3」です。このことから，**「負×正＝負」**だとわかります。またこの車は，1秒前には3メートル右にいたはずです。1秒前を「－1秒後」と考えると，「（－3）×（－1）＝3」とあらわせます。このことから，**「負×負＝正」**だとわかります。

負の数のかけ算

正の方向に進む車（A）と，負の方向に進む車（B）をえがきました。①〜④は，「速度×時間＝距離」を計算したものです。1秒前を「－1秒後」，3メートル左を「－3メートル」，左に秒速3メートルを「秒速－3メートル」と考えます。

A. 正の方向に進む車（秒速3m）

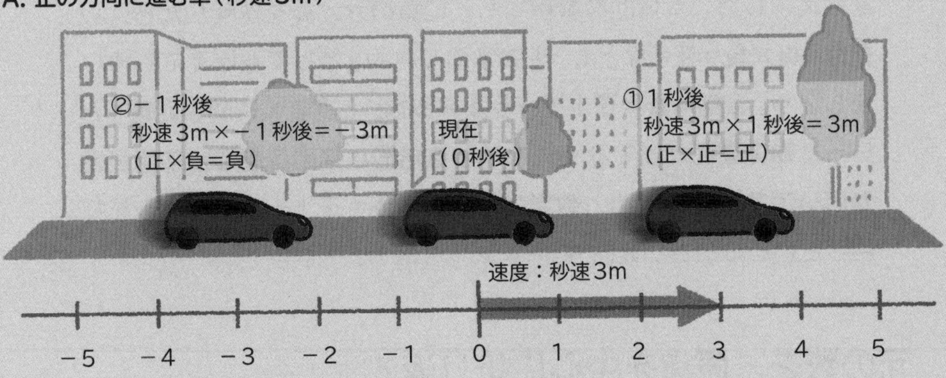

B. 負の方向に進む車（秒速－3m）

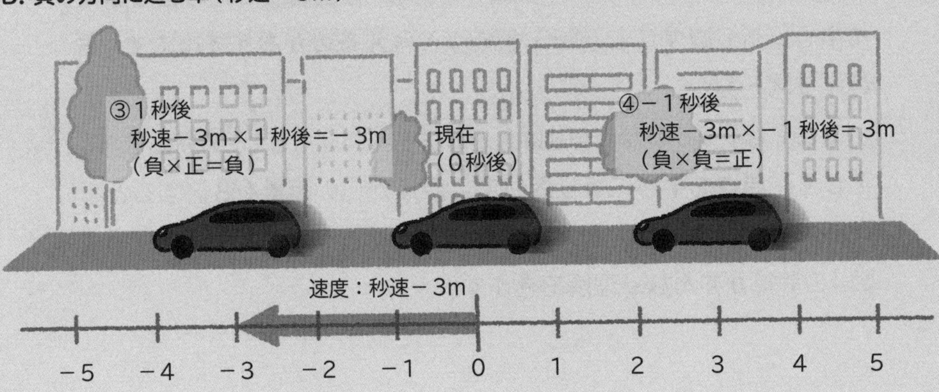

— 正と負の数 —

2 マイナス1をかけ算すると，数直線上で180°回転

「数学のルール」として，おぼえよう

14ページでは，「速度×時間＝距離」を使って，負の数のかけ算を考えました。具体的な事例をもとに負のかけ算を理解したら，以後は「負×負＝正」などを，「数学のルール」としておぼえてしまいましょう。**「負×負＝正」というルールは，「速度×時間＝距離」といった物の運動だけでなく，あらゆる場面に適用可能で，応用範囲が広いです。**そのため，数学では「負×負＝正」というルールを採用しているのだといえます。

元の数を，原点を中心に折り返す

負のかけ算のうち，「−1のかけ算」は，数直線上で元の数を原点を中心に折り返すこと（180°回転）と考えるのがおすすめです（右のイラスト）。

たとえば「−8のかけ算」は，−8を「(−1)×8」と分解します。そして，原点を中心に折り返して，原点からの距離を8倍すると考えるのです。実はこの考え方になれておくと，あとででてくる「虚数」の計算がすんなり理解できます。

−1のかけ算

−1のかけ算を，数直線上で元の数を原点を中心に折り返す（180° 回転する）考え方であらわしました。Aは「3×（−1）＝−3」，Bは「（−3）×（−1）＝3」です。

A. 3×（−1）＝−3

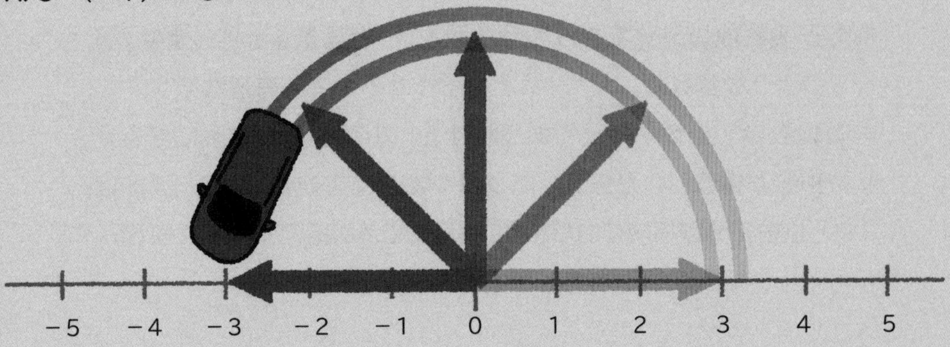

B. （−3）×（−1）＝3

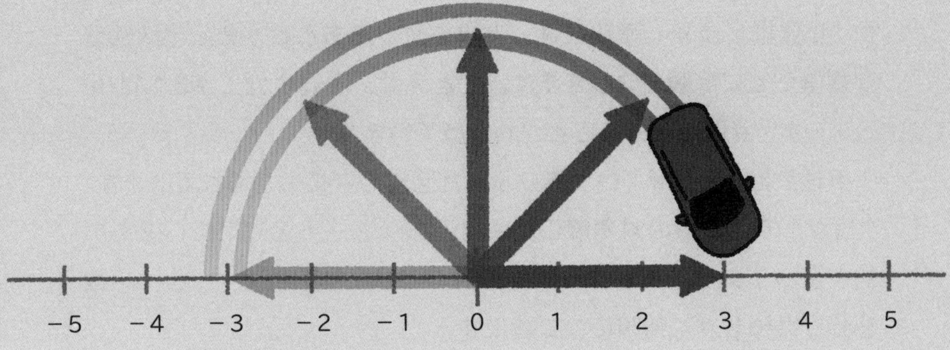

― 有理数と無理数 ―

3 無理！「無理数」は，整数の分数であらわせない

整数の分数であらわせる「有理数」

小学校の算数では，$\frac{3}{5}$などの分数を学びます。**このように，分母も分子も整数の分数であらわせる数を，「有理数」といいます。**6，－3のような整数も，$\frac{6}{1}$，$-\frac{3}{1}$とあらわせるので，有理数です。

有理数は，小数を使ってあらわすと，小数部分が有限になるか，小数部分が循環しながら無限につづく数になります。たとえば$\frac{3}{5}$は，0.6と小数部分が有限になります。$\frac{3}{7}$は，0.428571428571428571……と，「428571」が無限に循環します。

小数部分が循環せずに無限につづく「無理数」

中学校の数学では，整数の分数であらわせない数である，「無理数」が登場します。**無理数は，小数を使ってあらわすと，小数部分が循環せずに無限につづきます。**たとえば，円周率π（＝3.14159……）は，無理数であることがわかっています。

無理数は，正方形というありふれた図形の中にもかくれています。1辺が1の正方形の対角線の長さは，$\sqrt{2}$（ルート2）です。$\sqrt{2}$を小数を使ってあらわすと，1.41421356237309504888……と，小数部分が循環せずに無限につづきます。

有理数と無理数

有理数の例である$\frac{3}{7}$（A）と，無理数の例である$\sqrt{2}$（B）をえがきました。

A. $\frac{3}{7}$（有理数の例）

$$\frac{3}{7}=0.\underline{428571}\,\underline{428571}\,\underline{428571}\,\underline{428571}\,\underline{428571}\cdots\cdots$$

有理数は，分母も分子も整数になる分数であらわせます。小数を使ってあらわすと，小数部分が有限になるか，小数部分が循環しながら無限につづきます。

B. $\sqrt{2}$（無理数の例）

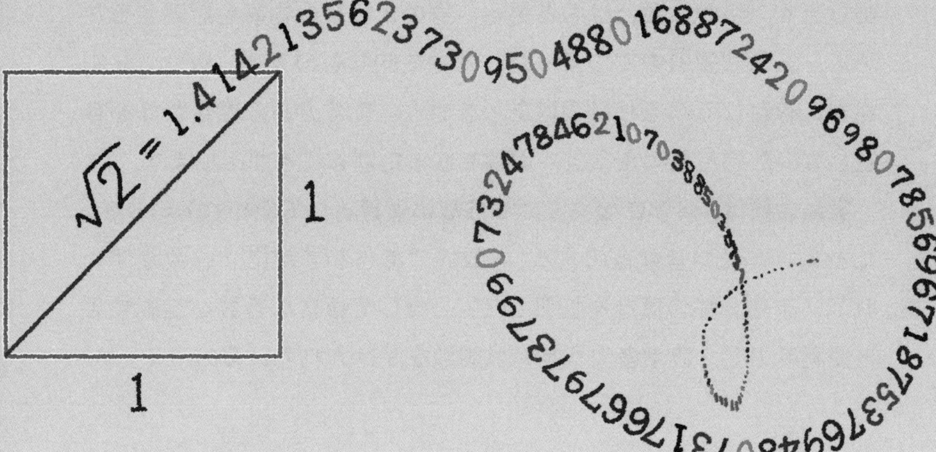

無理数は，小数点以下が循環せずに無限につづきます。

— 虚数 —

4 2乗するとマイナスになる，不思議な数「虚数」

「$i^2 = -1$」を満たす「i」

高校の数学での代表的なつまずきポイントに，「虚数」があります。**虚数とは，「2乗すると負になる数」などのことです。**普通の数は，「正×正＝正」「負×負＝正」です。普通の数の中には，2乗して負になる数などありません。しかし高校では，「$i^2 = -1$」を満たす「i」という数を考えます。**この i は，「虚数単位」といいます。**

科学になくてはならない便利な道具

虚数は，「存在しない数」「想像上の数」などと説明されることもあります。しかし数とはもともと，身のまわりの物事を記述するために，人間が頭の中でつくりだした抽象的なものです。数は，外の世界に存在しているわけではありません。ですから，虚数だけを存在しない数などと考えると，理解をさまたげることがあります。

実は虚数は，科学になくてはならない道具として使われています。たとえば，光や音などの「波」を数式であらわす際に，虚数が使われています。数の概念を拡張して，2乗して負になる数を定義すると便利なので，数学者や科学者は虚数を受け入れているのです。

虚数単位i

虚数単位iの，定義をえがきました。虚数単位iは，2乗すると−1となる数です。「$i^2=-1$」は，「$i=\sqrt{-1}$」とも書けます。

$$i^2 = -1$$

$$i = \sqrt{-1}$$

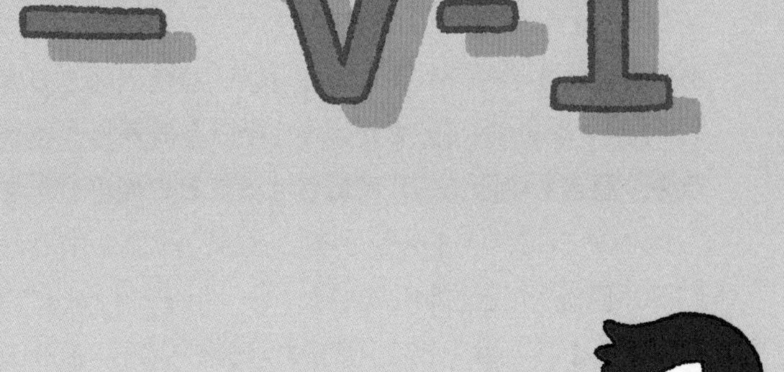

— 虚数 —

5 虚数iをかけ算すると，複素平面上で90°回転

複素数は，数直線を飛びだした「2次元の数」

有理数と無理数を合わせて，「実数」といいます。一方，「$a+bi$」とあらわせる数を，「複素数」といいます（aとbは実数，iは虚数単位）。aを「実部」，bを「虚部」といいます※1。

実数は数直線上の「1次元の数」，複素数は数直線を飛びだした「2次元の数」といえます。複素数は，「複素平面（ガウス平面）」上の座標の点（a, b）であらわせるからです。複素平面とは，複素数の実部を横軸（実軸）に，虚部を縦軸（虚軸）にした平面です。

180°回転の半分の90°回転

1は，$a=1$，$b=0$の複素数なので，複素平面上の点（1，0）であらわせます（右のイラスト）。iは，複素平面上の点（0，1）です。1×i＝iなので，「iをかける」という計算は，複素平面上で元の点を，原点を中心に90°回転させることに相当します。

16ページで，－1をかけることは，原点を中心とした折り返し（180°回転）だと説明しました。$-1=i^2=i\times i$です。つまりiを1回かけることは，180°回転の半分の90°回転なのです。このように複素数の計算は，複素平面上での点の移動として考えることができます。

※1：$b=0$とき，複素数は実数になります。$b\neq 0$のとき，複素数は虚数になります。
$a=0$のとき，biを「純虚数」といいます。

虚数iのかけ算

$\boldsymbol{i}$のかけ算を，複素平面上で元の点を，原点を中心に90°回転させる考え方であらわしました。Aは「$1\times\boldsymbol{i}=\boldsymbol{i}$」，Bは「$\boldsymbol{i}\times\boldsymbol{i}=-1$」です。

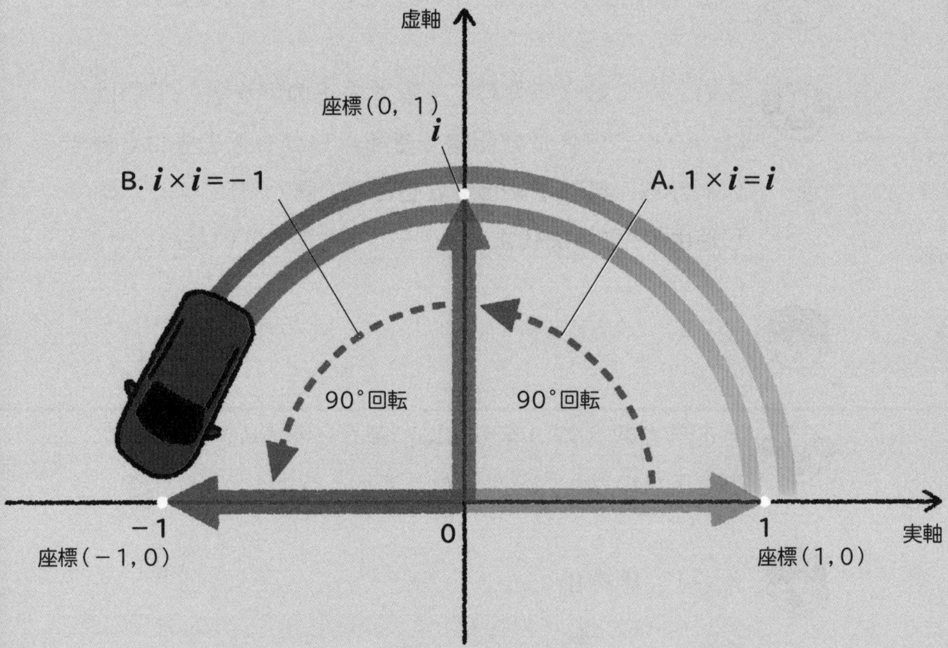

−1のかけ算は180°回転に相当し，$\boldsymbol{i}$のかけ算はその半分の90°回転に相当するのだ。

博士！
教えて!!

なんで正の字？

博士，数を数えるとき，なんで正の字を使うんですか？

ふむ。一つ数えるたびに1画ずつ正の字を書いていけば，いくつ数えたか記録できる。しかも正の字は5画じゃから，集計が楽じゃ。正の字2個で10になる。同じ理由で，江戸時代までは，玉の字を使っていたんじゃ。

へぇ～。

ところが数えているうちに，筆から墨がたれて，王なのか玉なのかわからなくなってしまった！

えー！　困る!!

うむ。世界でよく使われる方法は，「タリー」じゃ。4までを縦線4本を書いて数え，5を数えるときに横線を縦線にかぶせて書く。ほかにも，4までを四角形を書きながら数え，5を数えるときに対角線を書く方法もある。

へぇ～。今度，試してみよっと。

正
玉

— 数列 —

6 一定の規則で数を並べた列，それが数列

金利の計算に必須なのが，数列の知識

預金や株式などの資産運用や住宅ローンの返済などでは，「金利（利率）」を使った計算を行う必要があります。この計算に必須なのが「数列」の知識です。

数列とは読んで字のごとく，数を並べた列のことを指します。たとえば，「1，2，4，8，16，32……」のようなものです。

一定の数をかけていく「等比数列」

数列の最初の数を，「初項」といいます。「1, 2, 4, 8, 16, 32……」の数列は，次の数になるたびに，値が2倍になっています。**このように，一定の数（公比）をかけていくことでできる数列を，「等比数列」とよびます。**初項a_1，公比rの等比数列のn番目の項（一般項）a_nは，

$$a_n = a_1 r^{n-1}$$

とあらわすことができます。

等比数列

等比数列の例（A）と，等比数列の一般項の公式（B）をえがきました。Aの等比数列は，初項1，公比2です。

A. 等比数列の例

1, 2, 4, 8, 16, 32……

B. 等比数列の一般項の公式

$$a_n = a_1 r^{n-1}$$

a_n：等比数列のn番目の項（一般項）
a_1：初項
r：公比

— 数列 —

7 等比数列は，数が急激に大きくなっていく！

複利とは，利息が元金に組み入れられる方式

元金100万円を，年利20％の「複利」で運用することを考えてみましょう。 年利20％とは，1年後に元金の20％が利息としてつくことを意味します。また，複利とは，利息が元金に組み入れられ，それにもとづいて次の年の利息が決まる方式のことです。利息が元金に組み入れられずに，最初の元金にのみ利息がつく方式は，「単利」といいます。

10年目は約516万円，20年目は約3195万円

1年ごとの資産額を数列にすると，次のような初項100，公比1.2の等比数列になります。

100，120，144，172.8，207.36……

n年目（$n-1$年後）の資産額は，等比数列の一般項の公式から，$100 \times (1.2)^{n-1}$になります。 たとえば，10年目（9年後）は約516万円，20年目（19年後）には約3195万円にもなります。前の年までの利息にも，次の年に利息がつくので，年を追うごとに利息がふくれあがっていくのです。

資産の複利での運用

元金100万円を年利20％の複利で運用した場合の，年ごとの資産を棒グラフであらわしました。棒グラフの下の数字が，資産額です（単位は万円）。年がたつほど，利息が急激に増加します。

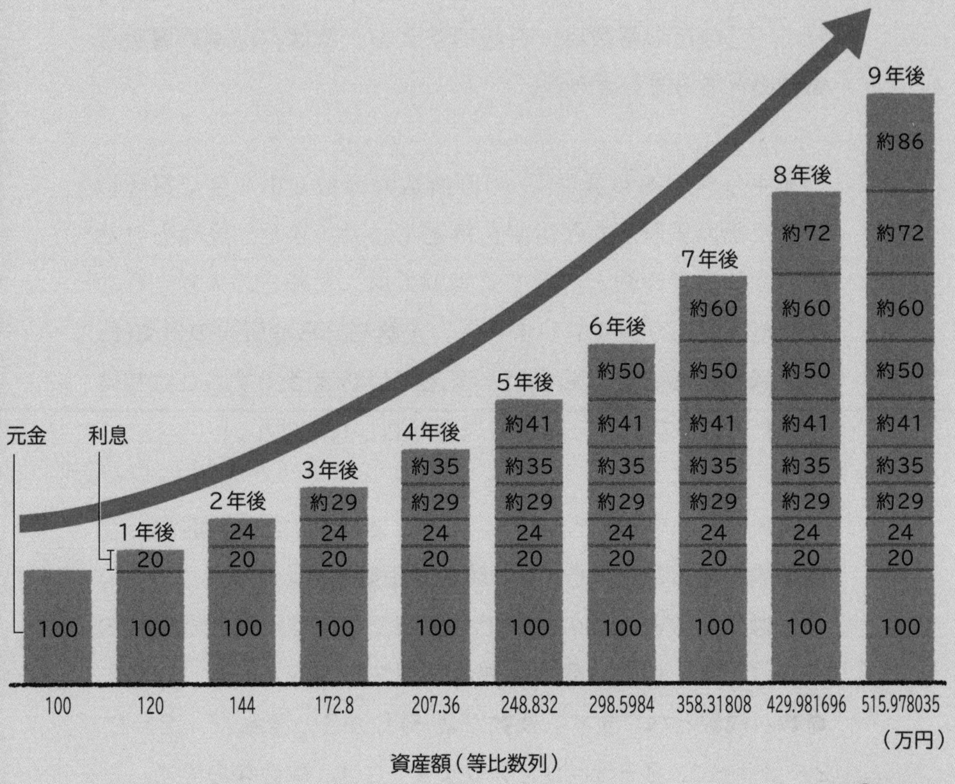

ゼロは偶数？　奇数？

「2」「4」「6」「8」などの整数は，偶数です。一方，「1」「3」「5」「7」などの整数は，奇数ですよね。**では「0」は，偶数と奇数のどちらでしょうか。**

イギリスのある調査で，0が偶数か奇数か小学生に質問したところ，正解した子は半分ほどでした。また，見せられた数字が偶数か奇数か判定する実験では，大部分の人が，0のときだけ反応が遅くなりました。**正解を知らない人の多くは，0を偶数でも奇数でもないと考えているようです。**0は特殊な数だという認識が，誤解の理由かもしれません。

偶数は，2の倍数である整数です。**2×0＝0と計算でき，0は整数であることから，0は偶数が正解です。**0が偶数であることは，偶数と奇数の計算でも確認できます。偶数と奇数の引き算では，偶数－偶数＝偶数，偶数－奇数＝奇数，奇数－奇数＝偶数となります。偶数が2，奇数が3の場合，2－2＝0，2－3＝－1，3－3＝0となります。0は，偶数なのです。

6
8
2
1
5
3
7

— ベクトル —

8 簡単にいうと矢印！　大きさと向きをもつベクトル

風は，風速に加えて風向きももつ

22ページで，複素数を「2次元の数」と説明しました。高校の数学では，別の「2次元の数」である，「ベクトル」も学びます。ベクトルとは，簡単にいうと「矢印」のことです。普通の数と区別するため，アルファベットの上に矢印をつけて，$\vec{a}$などとあらわします。点Aから点Bに向かうベクトルを，$\overrightarrow{AB}$とあらわすこともあります。

実数は，「大きさ」だけをもつ数です。**一方，ベクトルは，「大きさ」に加えて「向き」ももちます。**たとえば風は，風速（大きさ）に加えて風向き（向き）ももつため，ベクトルであらわせます。

「座標」を使ってあらわすことができる

この世界には，ベクトルであらわされる量がたくさんあります。物を動かす源となる「力」も，物の「速度」も，ベクトルです。そのため物理学では，ベクトルの計算が頻繁に登場します。

ベクトルは，「座標」を使ってあらわすことができます。右のイラストのように，ベクトルの後端を原点Oに重ね，そのときの先端の座標を使ってベクトルをあらわします。これを，ベクトルの「成分表示」といいます。たとえば，$\vec{a}$は，（a_1，a_2）とあらわせます。

ベクトルの成分表示

点Aから点Bに向かう$\overrightarrow{AB}$（＝$\vec{a}$）をえがきました。$\vec{a}$を並行移動させて，後端を原点Oに重ねると，先端の座標は（a_1，a_2）でした。（a_1，a_2）を，$\vec{a}$の「成分」といいます。$\vec{a}$を成分表示であらわすと，$\vec{a}$＝（a_1，a_2）となります。

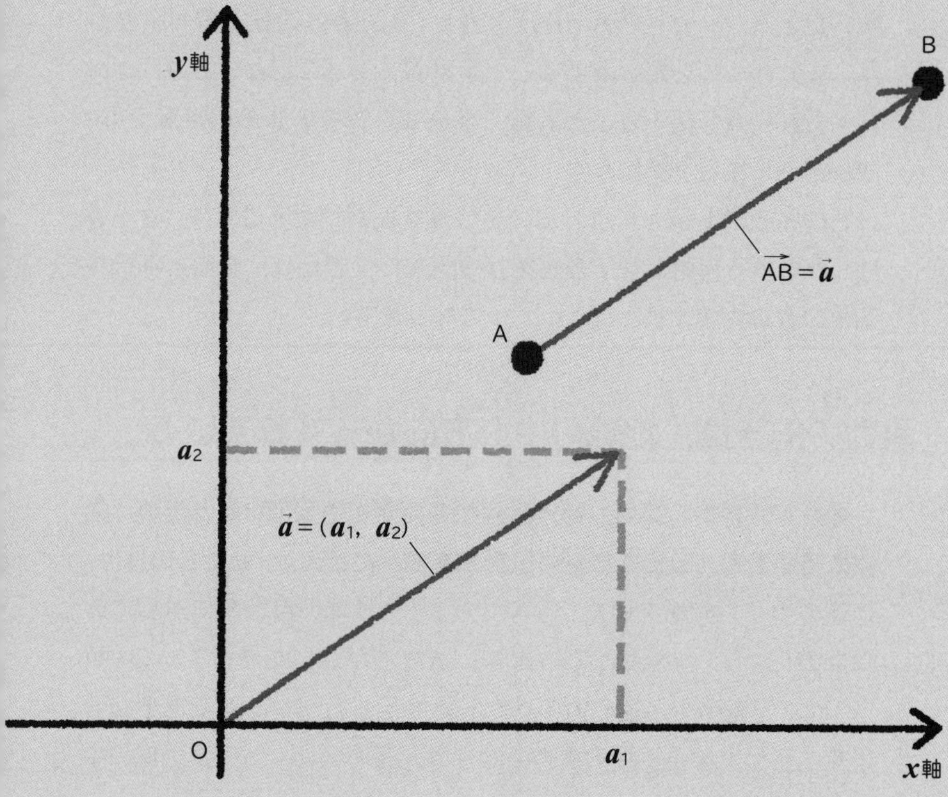

注：ベクトルの成分表示は，$\vec{a}=\begin{pmatrix}a_1\\a_2\end{pmatrix}$のように，成分を縦に並べることもあります。

— ベクトル —

9 ベクトルは，数のように計算することができる

ベクトルの足し算では，成分どうしを足し算

ベクトルは，数のように，足し算などの計算を行うことができます。 たとえば，$\vec{a}=(a_1,\ a_2)$と$\vec{b}=(b_1,\ b_2)$の足し算は，$\vec{a}$と$\vec{b}$の成分どうしを足し算することで計算できます。$\vec{a}+\vec{b}$は，$\vec{a}+\vec{b}=(a_1+b_1,\ a_2+b_2)$と計算できます。ベクトルの引き算では，成分どうしを引き算します。

右のイラストは，ベクトルの足し算をえがいたものです。$\vec{a}+\vec{b}$は，$\vec{b}$を平行移動させて後端を$\vec{a}$の先端につぎ足し，原点と平行移動後の$\vec{b}$の先端を結んだベクトルになります。

重力の向きは，地球の中心方向からずれている

ベクトルの足し算は，物体に複数の力が作用しているときの，物体の運動を考えるときなどに役立ちます。 たとえば，私たちの体は，地球の中心方向を向いた「万有引力」と，地球の自転軸に対して外向きの「遠心力」を受けています。私たちがふだん感じている「重力」は，万有引力と遠心力のベクトルを足したベクトルであらわせます。私たちを引っ張る重力の向きは，遠心力によって，地球の中心方向からずれているのです。

ベクトルの足し算

$\vec{a}$＝（a_1，a_2）と，$\vec{b}$＝（b_1，b_2）の，足し算をえがきました。$\vec{a}+\vec{b}$は，$\vec{b}$を平行移動させて後端を$\vec{a}$の先端につぎ足し，原点と平行移動後の$\vec{b}$の先端を結んだベクトルになります。

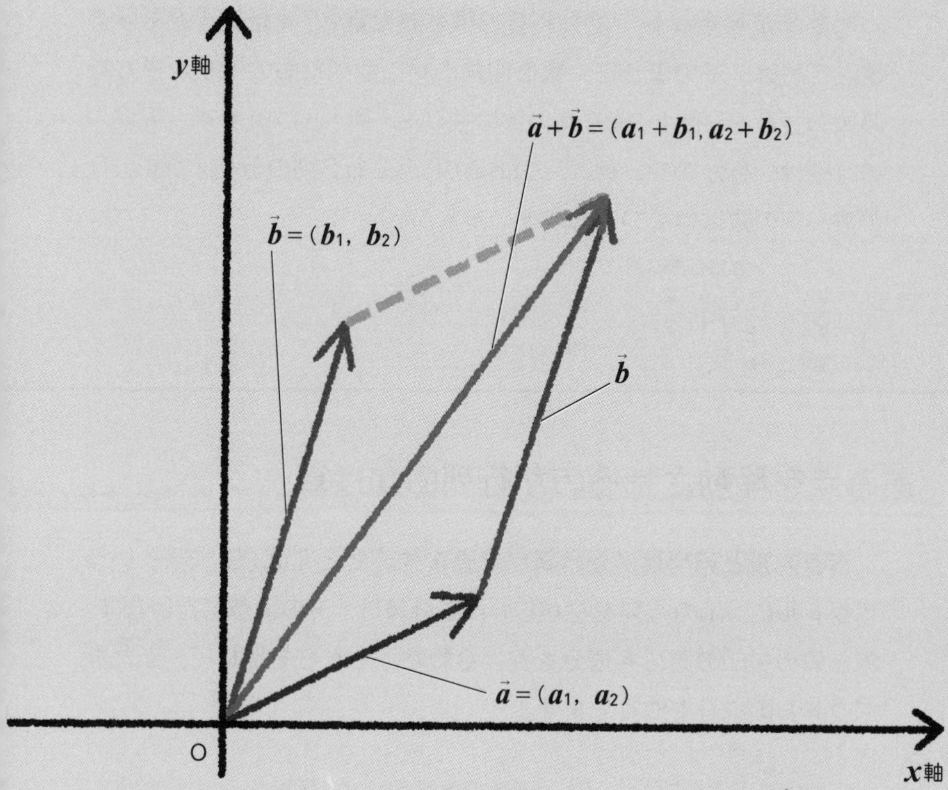

― ベクトルと行列 ―

10 横が行，縦が列，両方あわせて行列！

行列は，数を四角形状に並べたもの

ベクトルとセットで使われる拡張された数に，「行列」があります。行列は，下のように，数を四角形状に並べたものです。横方向の数の並びを「行」，縦方向の数の並びを「列」といいます。下の①の行列は，行が二つ，列が二つあるので「2行2列の行列」です。行の数，列の数はいくつでもかまいません。

第1列　第2列

$$\begin{array}{l} \text{第1行} \rightarrow \\ \text{第2行} \rightarrow \end{array} \begin{pmatrix} 1 & 2 \\ 3 & 4 \end{pmatrix} \cdots\cdots ①$$

ある点を移動させるのが行列のかけ算

ベクトルと行列は，かけ算ができます。たとえば（5，6）というベクトルに，①の行列を左からかける計算は，下のように行います。赤と黒の矢印の順に各成分をかけ合わせ，それらを足して，新たなベクトルの成分をつくります。

$$\begin{pmatrix} 1 & 2 \\ 3 & 4 \end{pmatrix} \begin{pmatrix} 5 \\ 6 \end{pmatrix} = \begin{pmatrix} 1 \times 5 + 2 \times 6 \\ 3 \times 5 + 4 \times 6 \end{pmatrix} = \begin{pmatrix} 17 \\ 39 \end{pmatrix}$$

①の行列とベクトル（5，6）のかけ算は，新たなベクトル（17，39）をつくりだしたとみなせます。座標の言葉でいうと，点（5，6）を，点（17，39）に移動させるのが，①の行列だといえます。

行列の足し算とかけ算

行列の足し算（A）と，行列のかけ算（B）を示しました。行列のかけ算は，二つ目の行列を$\begin{pmatrix} w \\ y \end{pmatrix}$と$\begin{pmatrix} x \\ z \end{pmatrix}$という二つのベクトルでできていると考え，それぞれで行列とベクトルのかけ算を行います。

A. 行列の足し算

$$\begin{pmatrix} a & b \\ c & d \end{pmatrix} + \begin{pmatrix} w & x \\ y & z \end{pmatrix} = \begin{pmatrix} a+w & b+x \\ c+y & d+z \end{pmatrix}$$

B. 行列のかけ算

$$\begin{pmatrix} a & b \\ c & d \end{pmatrix} \begin{pmatrix} w & x \\ y & z \end{pmatrix} = \begin{pmatrix} aw+by & ax+bz \\ cw+dy & cx+dz \end{pmatrix}$$

行列のかけ算は，かけ算の順序を入れかえると答が変わるので，注意が必要だ。

― ベクトルと行列 ―

11 回転行列を使って，キャラを回転できる

回転した位置に移動させる性質のある行列

今度は，下のような行列を考えてみましょう。

$$\begin{pmatrix} 0 & -1 \\ 1 & 0 \end{pmatrix}$$

この行列は，座標平面上のあらゆる点（ベクトル）を，原点を中心に反時計まわりに90°回転した位置に移動させる性質があります。このような行列は，「回転行列」といいます。一般の角度であるθだけ回転させる回転行列は，右のイラスト中に示しました。

ベクトルと行列で，キャラクターを回転

最近のテレビゲームでは，操作キャラクターを3次元のフィールド内で自由に動かしたり，視点（画面）を上下左右に自由に回転させたりすることができます。**実はこのような操作は，コンピューターによる，ベクトルと行列の計算によって実現されています。**たとえば，右のイラストにえがいたように，キャラクターの絵のデータ（画面上のどの位置にどの色を割り当てるか）に回転行列の計算をほどこせば，キャラクターを自由に回転させることができるのです。

回転行列

θ 回転させる回転行列をえがきました。$\begin{pmatrix} x \\ y \end{pmatrix}$ というベクトルに，下の回転行列を左からかけると，$\begin{pmatrix} x' \\ y' \end{pmatrix}$ という新たなベクトルができます。点 (x', y') は，点 (x, y) を，原点Oを中心として反時計まわりに θ だけ回転させた位置に移動します。

回転行列

$$\begin{pmatrix} x' \\ y' \end{pmatrix} = \begin{pmatrix} \cos\theta & -\sin\theta \\ \sin\theta & \cos\theta \end{pmatrix} \begin{pmatrix} x \\ y \end{pmatrix} = \begin{pmatrix} x\cos\theta - y\sin\theta \\ x\sin\theta + y\cos\theta \end{pmatrix}$$

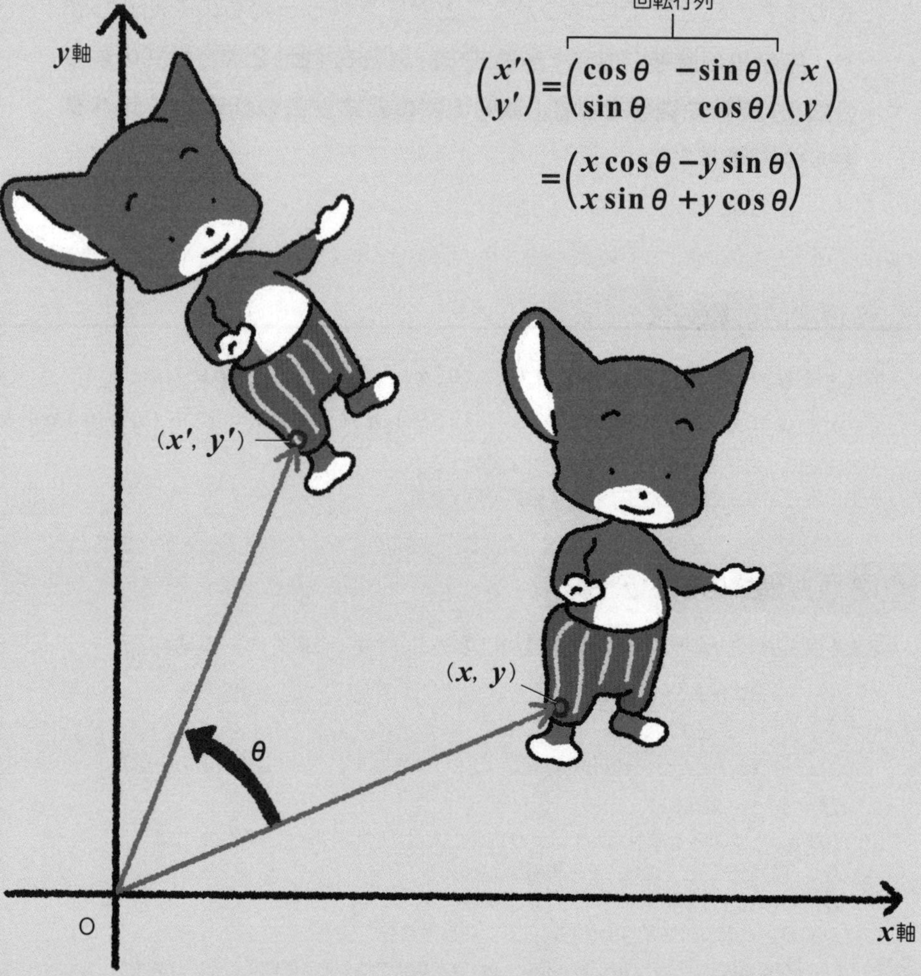

— 公式集 —

12 知っておきたい，数の重要公式

「2次方程式の解の公式」など

　このページでは，中高の数学に登場する「数」にまつわる重要公式のうち，ここまでにあつかうことができなかったものを紹介します。**中学校の数学で学ぶ「多項式の計算公式」と「2次方程式の解の公式」，高校の数学で学ぶ「数列の和の公式」「Σの計算公式」「ベクトルの内積」です。**

①多項式の計算公式

Ⓐ $(x+a)^2=x^2+2ax+a^2$　　Ⓑ $(x-a)^2=x^2-2ax+a^2$

Ⓒ $(x+a)(x-a)=x^2-a^2$　　Ⓓ $(x+a)(x+b)=x^2+(a+b)x+ab$

上の公式の左辺から右辺に変形するのが「展開」です。
一方，右辺から左辺に変形するのが「因数分解」です。

②2次方程式の解の公式

2次方程式 $ax^2+bx+c=0$ の解は，以下で求めることができます（解の公式）。

$$x=\frac{-b\pm\sqrt{b^2-4ac}}{2a}$$

また，$ax^2+bx+c=0$ の判別式は，以下のように書けます（解の公式の√の中身）。

$$D=b^2-4ac$$

2次方程式がどのような解をもつかは，D の値によって以下のように判別できます。

　$D>0$ のとき，ことなる二つの実数解をもつ
　$D=0$ のとき，実数解を一つもつ（重解）
　$D<0$ のとき，実数解なし（共役な二つの複素数解※1）

※1：共役な複素数とは，$a+bi$ に対する $a-bi$，$a-bi$ に対する $a+bi$ のことをいいます。

③数列の和の公式

Ⓐ $S_n=\frac{n}{2}(a_1+a_n)=\frac{n}{2}\{2a_1+(n-1)d\}$

等差数列の和を求める公式です。初項をa_1，n番目の項をa_n，公差をdとすると，初項からn番目の項までの和（合計）は上の式で求めることができます。

Ⓑ $S_n=\frac{a_1(r^n-1)}{r-1}$

等比数列の和を求める公式です。初項をa_1，公比をr（$\neq 1$）とすると，初項からn番目の項までの和（合計）は上の式で求めることができます。

④Σの計算公式

数列a_nの第１項から第n項までの和は，Σ（シグマ）という記号を使って以下のようにあらわせます。

$$a_1+a_2+a_3+\cdots+a_n=\sum_{k=1}^{n}a_k$$

$\sum_{k=1}^{n}$は，$k=1$から$k=n$までの和をとることを意味しています。Σの計算公式には，以下のようなものがあります。Σの計算公式を使えば，数列の一般項が多項式であらわされるとき，その和を求めることができます。

Ⓐ $\sum_{k=1}^{n}(\text{定数})=n\times(\text{定数})$

Ⓑ $\sum_{k=1}^{n}k=1+2+3+\cdots+n=\frac{1}{2}n(n+1)$

Ⓒ $\sum_{k=1}^{n}k^2=1^2+2^2+3^2+\cdots+n^2=\frac{1}{6}n(n+1)(2n+1)$

⑤ベクトルの内積

ベクトル$\vec{a}$とベクトル$\vec{b}$のかけ算に相当する計算に，「内積」があります。
$\vec{a}=(a_1, a_2)$，$\vec{b}=(b_1, b_2)$のとき，$\vec{a}$と$\vec{b}$の内積は「・」という記号を使って$\vec{a}\cdot\vec{b}$とあらわし，以下のように計算します。

$$\vec{a}\cdot\vec{b}=a_1b_1+a_2b_2$$

以下のようにもあらわすことができます。

$$\vec{a}\cdot\vec{b}=|\vec{a}||\vec{b}|\cos\theta$$

$|\vec{a}|$はベクトル$\vec{a}$の絶対値といい，$\vec{a}$の大きさを意味します。$|\vec{a}|=\sqrt{a_1{}^2+a_2{}^2}$です。
また，θはベクトル$\vec{a}$と$\vec{b}$の間の角度で，$\cos\theta$は三角関数のコサインです。

6
8
2
1
3
5
7

2.「関数」を使いこなそう

中学校の数学では，「2次関数」などの比較的単純な関数しか出てきません。しかし高校の数学になると，「三角関数」「指数関数」「対数関数」などの関数が登場します。第2章では，さまざまな関数についてみていきましょう。

— 関数 —

1 数を入れると答えがポン！関数は，答えをつくる装置

材料を入れると，加工して製品を出してくれる

関数とは，「$y = 2x^2 + 3x - 5$」のような形であらわされるものです。**材料を入れると（x に値を入れると），中で加工をほどこして（x についての計算を行って），製品を出力してくれる装置（y の値を算出してくれるもの）とたとえることができます（右のイラスト）。**

その時刻での，ボールの高さを求められる

たとえば，ボールを真上に投げたとき，投げた瞬間からの経過時間（秒）をx，投げ上げた位置からのボールの高さ（メートル）をyとして，$y = -4.9x^2 + 10x$とあらわせたとします。この関数は，初速毎秒10メートルで，真上にボールを投げたときのものです。**この場合，x に好きな値を入れれば，その時刻でのボールの高さを求めることができます。**このような場合，関数は，「未来を予測する装置」として使えるのです。

注：関数は，xの値を入れると，yの値が一つに決まるものである必要があります。

関数のイメージ

関数のイメージをえがきました。材料（xの値）を入れると，計算をへて，製品（yの値）が出てきます。

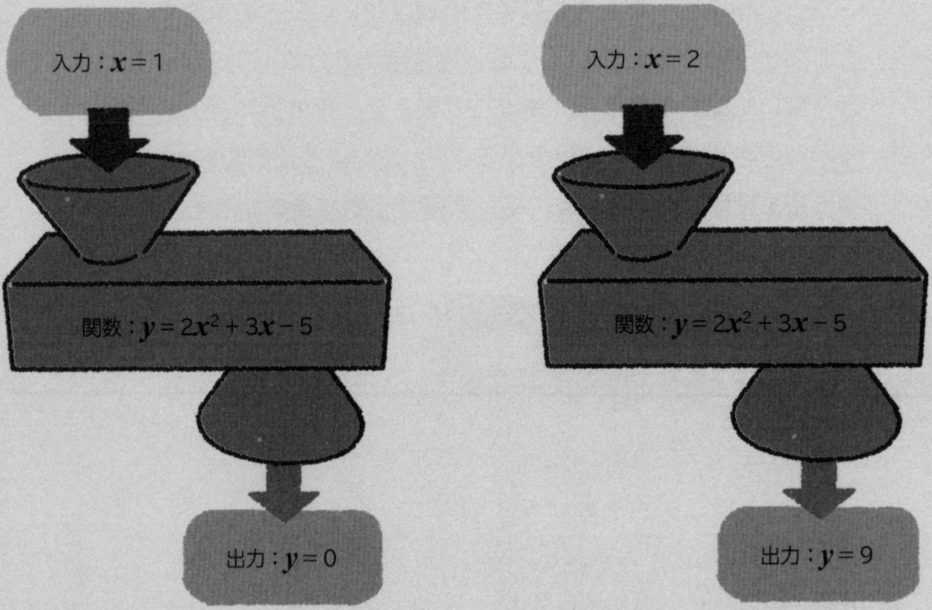

— 関数 —

2 現象をあらわす関数がわかれば，未来を予測できる

角度45°のとき，最も遠くまで飛ぶ

バッターがボールを最も遠くまで飛ばすには，どの角度でボールを打ち出すのがよいでしょうか。物理学の「力学」の知識を使ってみちびいた関数を使うと，角度45°のとき，最も遠くまで飛ぶことが計算できます（右ページのグラフ）。**このように関数がわかれば，ボールを実際に飛ばさなくても，未来を予測できるのです。**

ボールの軌跡をあらわす関数

バッターがボールを打ったときの，ボールの軌跡をあらわす関数5個と，そのグラフをえがきました。5個の関数は，ボールの初速は毎秒40メートルと同じで，打ち出す角度がことなります。

物理学の目的の一つは，現象をあらわす関数の発見

物理学は，物体の運動だけでなく，水や空気の流れ，回路を流れる電流，光を吸収したり放出したりする原子のふるまいなど，この世界のさまざまな現象のしくみを解き明かし，その現象の未来を予測する学問だといえます。このとき活躍するのが，現象をあらわす関数です。**物理学の最大の目的の一つは，現象をあらわす関数を見つけることだといっても，過言ではありません。**

関数は物理学に限らず，統計学や経済学，表計算ソフトなどでも頻繁に使われます。関数は，社会のさまざまな場面で利用され，私たちの生活を支えているのです。

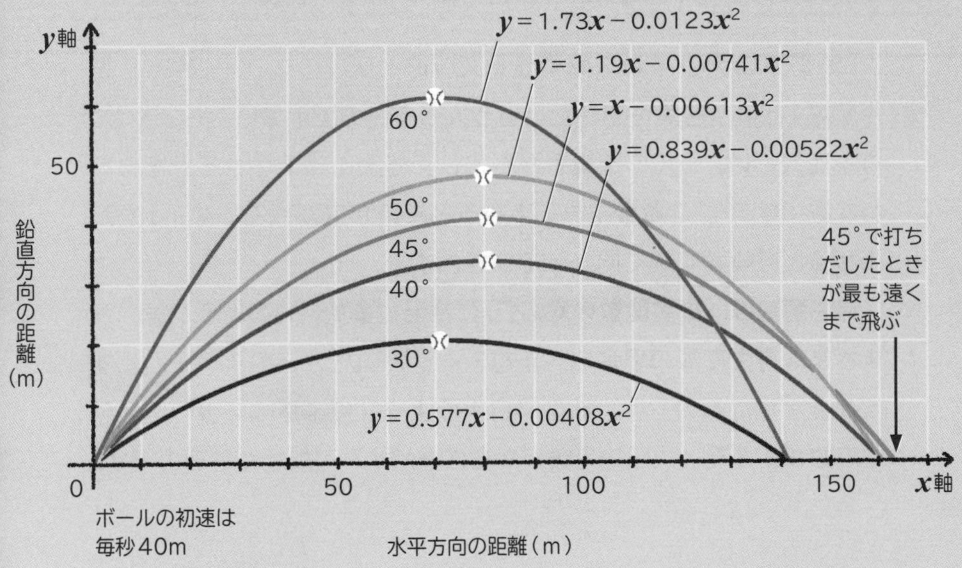

注：計算を簡単にするため，空気の影響を無視しています。

― 指数関数 ―

3 この数をくりかえしかけ算したら，どんな数になるのか

ある期間ごとに，定数倍されていく

感染症のおそろしいところは，感染者が「指数関数的」に増加していくところにあります。**指数関数的な増加とは，ある期間ごとに定数倍（a 倍）されていくような増加のことです。**数式であらわすと，$y=a^x$ の形であらわされます（a は1以外の正の実数）。a は，指数関数の「底《てい》」とよばれます。

「再生産数」は，指数関数の底に相当する

「新型コロナウイルス感染症（COVID-19）」のニュースで，「再生産数」という言葉を聞いたという人も多いのではないでしょうか。再生産数とは，1人の感染者が平均して何人に感染させるかをあらわす数です※1。これが1を上まわると感染が広がっていき，1を下まわると感染が収束に向かっていきます。

再生産数は，指数関数の底（a）に相当します。右のグラフは，さまざまな再生産数の場合に，新規感染者数（y）がどのように変化するかを示したものです。新型コロナのような感染症は，少しでも再生産数が上がると，感染者数が急激に増加する可能性があるのです。

※1：再生産数には，「基本再生産数（R0）」と「実効再生産数（Rt）」があります。基本再生産数は，その感染症に対して感染症対策がとられず，かつ，だれも免疫をもっていない場合の値です。一方，実効再生産数は，感染症がすでに広がっている場合の値です。社会の感染症対策や免疫をもった人が増加することなどによって，値は時間とともに変動します。

新規感染者数の変化

さまざまな再生産数の場合の，新規感染者数の変化を示しました。指数関数は，底が少し変わるだけで，値が大きく変わります。

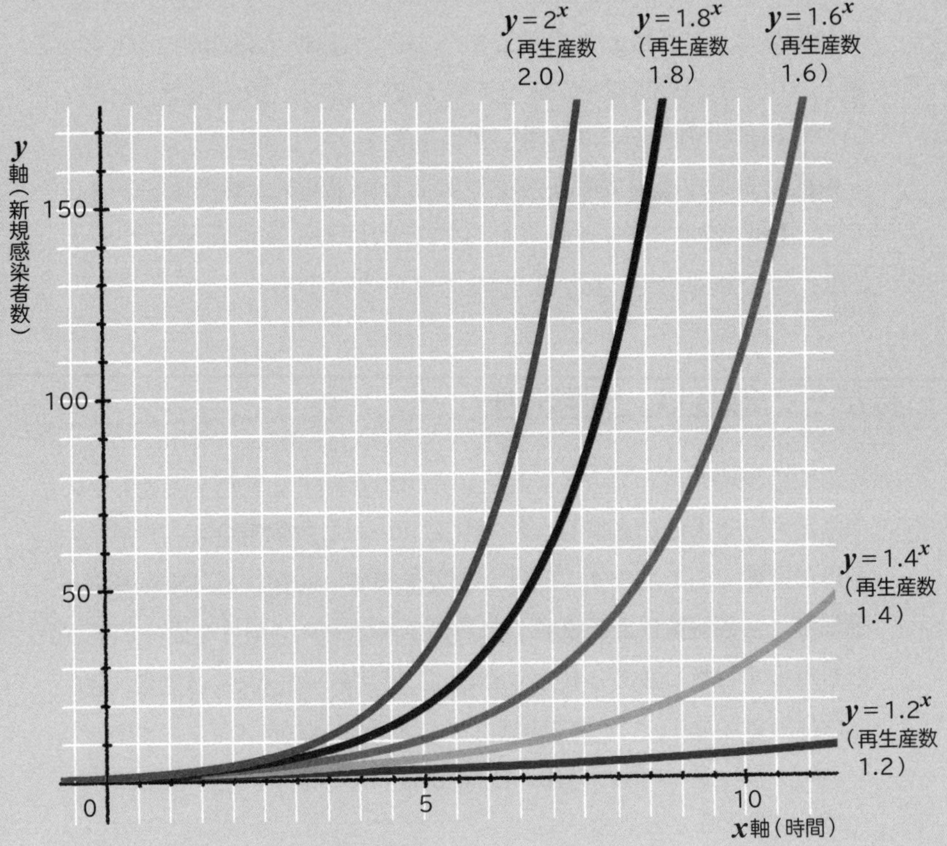

— 対数関数 —

4 この数を何回かけ算したら，その数になるのか

$\log_a x$は，aを何乗したらxになるか

指数関数とペアになる関数があります。それが，「対数関数」です。対数関数は，$y=\log_a x$の形であらわされます。logは「ログ」と読み，小さい下付き文字になっているaは「底《てい》」，xは「真数」といいます（aは1以外の正の定数。xは正）。

$\log_a x$ は，a を何乗したらx になるかをあらわす数です。たとえば，$\log_3 27$は，3を何乗したら27になるかをあらわす数です。27は3の3乗なので，$\log_3 27=3$です（$27=3^3$）。

私たちの感覚は，対数関数

対数の説明を読んで，数学者というのは変わった関数を考えるものだと思った人もいるかもしれません。しかし対数関数は，非常に身近な関数でもあります。**実は，聴覚や視覚，触覚など，私たちの感覚は，対数関数に支配されているのです。**感覚の強さをE，感覚をもたらす刺激の強さをRとすると，「$E=k\log_e R$（kは定数，eは自然対数の底）」という関係式がおおよそなりたちます。これは，「ウェーバー - フェヒナーの法則」とよばれています。52ページで，くわしくみてみましょう。

指数関数と対数関数の関係

指数関数（A）と，対数関数（B）の関係を示しました。
下のx，a，yには，同じ数が入ります。

A. 指数関数

$$x = a^{y}$$

xは，aをy乗した数。

$$\Updownarrow$$

B. 対数関数

$$y = \log_{a} x$$

yは，aを何乗したらxになるかをあらわす数。

指数関数と対数関数は，同じ内容を，
ことなるいい方で表現しているのだ。

— 対数関数 —

5 耳も目も皮膚も！　感覚は対数に支配されている

カーブがゆるやかになっていく

対数関数のグラフの特徴の一つは，指数関数とは逆に，x が大きくなるにつれてカーブがゆるやかになっていくことです。たとえば，$y = \log_{10} x$のグラフは，右のイラストのような形になります。

また，対数関数のグラフは，カーブが徐々にゆるやかになっていくものの，yの値が収束しない（一定値に近づいていかない）ことも特徴です。xをかぎりなく大きくしていくと，yもかぎりなく大きくなっていきます。数学では,「$x \to \infty$のとき,$y \to \infty$」と書きます。

音圧が10倍になっても，10倍には聞こえない

50ページで，私たちの感覚は対数関数に支配されていると紹介しました。ここで，音と聴覚の関係について考えてみましょう。

音の正体は，空気の振動が広がっていく波（音波）です。音波が通過すると，空気の圧力が高くなったり低くなったりします。圧力の差（音圧）が大きいほど，私たちには大きな音として聞こえます。しかしたとえ音圧が10倍になっても，10倍には聞こえません。私たちの音の感覚は，「対数関数的」にしか増加しないからです。これが，ウェーバー - フェヒナーの法則です。

対数関数のグラフ

$y = \log_{10} x$のグラフをえがきました。対数関数のグラフは，カーブが徐々にゆるやかになっていきます。xがふえても，yはゆるやかにしかふえていきません。

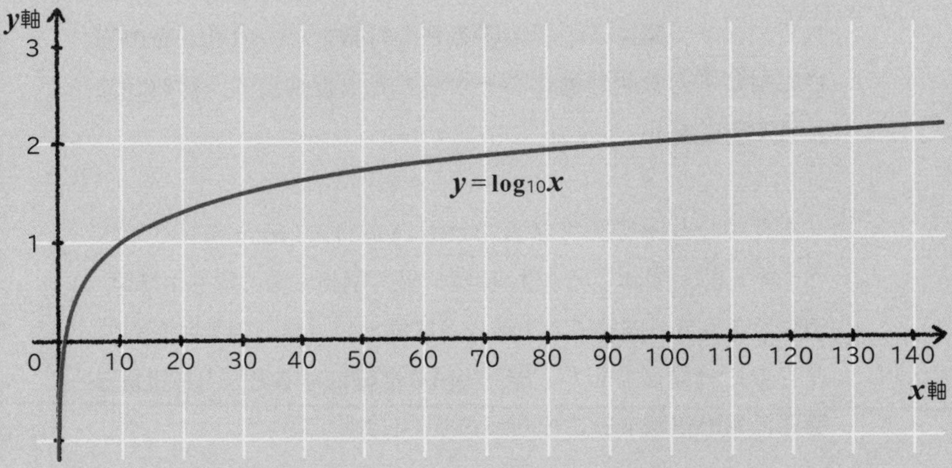

星の等級は対数

夜空に輝く星には，地球から見た明るさの「等級」がつけられています。**実はこの星の明るさの等級には，視覚が光の強さに対して対数関数的にふるまうことを反映して，対数が使われています。**

古代ギリシャの天文学者のヒッパルコス（紀元前190年ごろ～紀元前120年ごろ）は，夜空で最も明るく輝く星を1等星，肉眼でぎりぎり観察できる星を6等星とし，星の明るさを六つの等級に分類しました。**その後19世紀になると，1等星は6等星の100倍明るいことがわかりました。**

1850年，イギリスの天文学者のノーマン・ポグソン（1829～1891）は，星の等級は1小さくなるごとに約2.51倍明るくなると定義しました。**6等星から1等星までは等級の間隔が五つあるため，5乗すると100倍になる数を計算したのです。**つまり，6等星の約2.51倍明るい星が5等星，6等星の約2.51^2倍明るい星が4等星です。こうして星の等級には，対数が使われるようになったのです。

注：6等星のx倍明るい星をy等星とすると，「$y=6-\log_{2.51}x$」となります。

— 三角関数 —

6 直角三角形の辺の比，それが三角比

三角関数は，きわめて便利な数学的な道具

高校の数学の重要単元の一つに，「三角関数」があります。「加法定理」「和積の公式」「2倍角の公式」など，おぼえるべき公式がたくさん登場するため，苦手意識をもっている読者も多いのではないでしょうか。**しかし，三角関数はきわめて便利な数学的な道具であり，物理学や工学など幅広い分野で，必須のものとなっています。**

三角比は，直角三角形を前提に定義

高校の数学では，直角三角形の「三角比」（右のイラスト）をまず学び，その拡張として「三角関数」を学びます。三角比は，直角三角形を前提に定義されています。そのため，θ《シータ》は通常，$0^\circ < \theta < 90^\circ$の範囲で考えます（三角形の内角の和は$180^\circ$）。**この$\theta$をあらゆる角度で使えるようにしたものが，「三角関数」だといえます。**

しかし，三角関数の応用という観点から考えると，三角関数は「円の関数」と考えた方が見通しがよくなります。実際，三角関数を「円関数」とよぶこともあるそうです。

三角比

三角比の定義を示しました。下のような直角三角形があるとき，角度θに対する三角比は，「$\cos\theta$《コサインシータ》$=\dfrac{x}{r}$」「$\sin\theta$《サインンシータ》$=\dfrac{y}{r}$」「$\tan\theta$《タンジェントシータ》$=\dfrac{y}{x}$」と定義されています。θは通常，$0° < \theta < 90°$です。

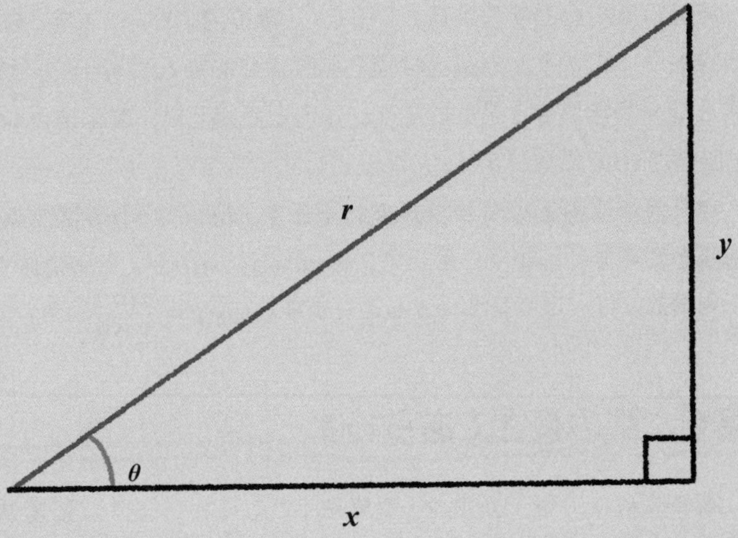

$$\cos\theta=\frac{x}{r},\ \sin\theta=\frac{y}{r},\ \tan\theta=\frac{y}{x}$$

― 三角関数 ―

7　え？　三角関数は，実は円の関数だった！

点が円をまわるとき，座標を教えてくれる

原点Oを中心とする半径1の円を，「単位円」といいます（右のイラスト）。単位円上の適当な点Pと原点Oを結んだ線分OPが，$\boldsymbol{x}$軸とつくる角度を，$\boldsymbol{\theta}$《シータ》とします。このとき点Pは，$\boldsymbol{x}$座標が$\mathbf{cos}\boldsymbol{\theta}$《コサインシータ》，$\boldsymbol{y}$座標が$\mathbf{sin}\boldsymbol{\theta}$《サインシータ》になります。

点Pが単位円上をグルグルまわるとき，$\mathbf{cos}\boldsymbol{\theta}$と$\mathbf{sin}\boldsymbol{\theta}$は，点Pの座標を教えてくれます。そしてこの$\mathbf{cos}\boldsymbol{\theta}$と$\mathbf{sin}\boldsymbol{\theta}$が，三角関数です。三角関数には，ほかに$\mathbf{tan}\boldsymbol{\theta}$《タンジェントシータ》もあります。$\mathbf{tan}\boldsymbol{\theta} = \dfrac{\mathbf{sin}\boldsymbol{\theta}}{\mathbf{cos}\boldsymbol{\theta}}$です。

角度を，弧の長さであらわす

高校の数学では，角度を「弧度法」であらわします。**弧度法は，半径1の円で，角度をその角度に対応する弧の長さであらわしたものです。**弧度法では，たとえば360°は$2\boldsymbol{\pi}$，180°は$\boldsymbol{\pi}$，90°は$\dfrac{\boldsymbol{\pi}}{2}$，60°は$\dfrac{\boldsymbol{\pi}}{3}$，45°は$\dfrac{\boldsymbol{\pi}}{4}$，30°は$\dfrac{\boldsymbol{\pi}}{6}$になります。

単位円と三角関数

単位円をえがきました。この単位円の円周上を，点Pが動くと考えます。点Pと原点Oを結ぶ線分がx軸とつくる角度をθとすると，点Pのx座標が$\cos\theta$，y座標が$\sin\theta$になります。θはどんな値でもかまいません。

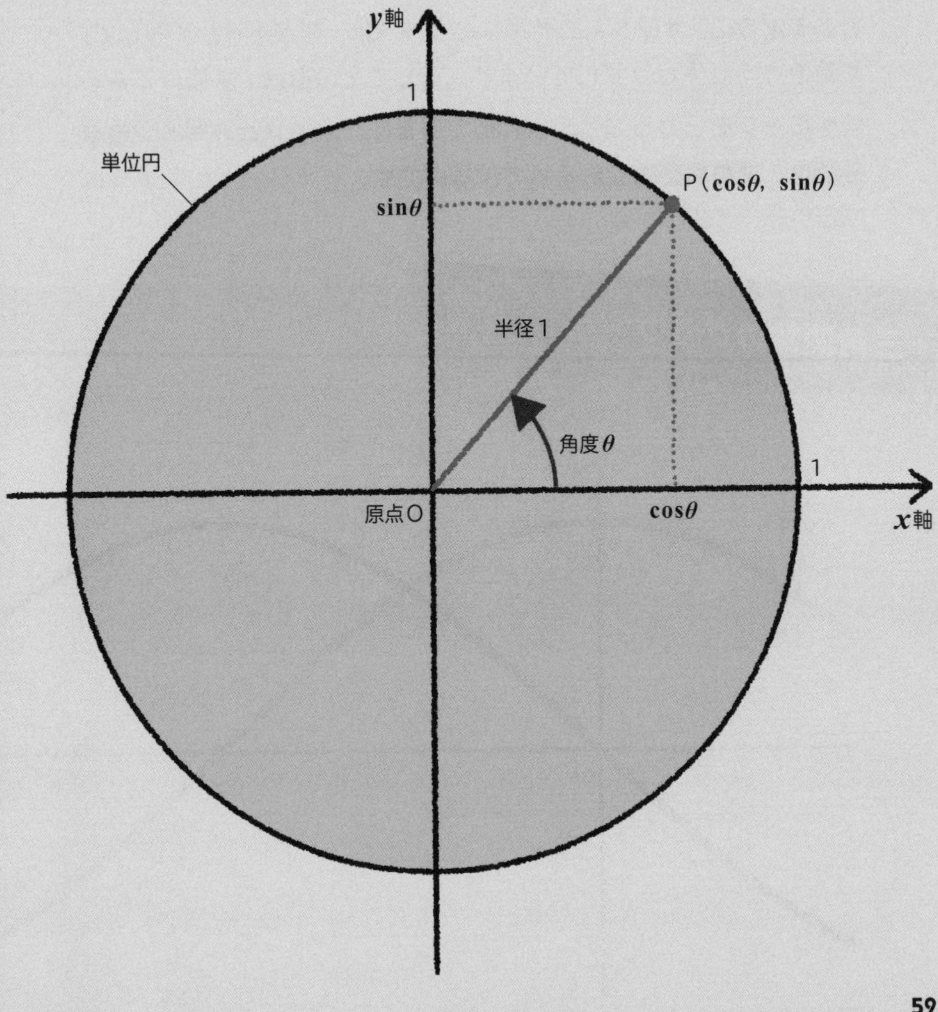

— 三角関数 —

8 三角関数のグラフには，波があらわれる

グラフが，波の典型的な形をしている

下のグラフは，三角関数のサインとコサインのグラフです。見てわかるように，サインとコサインのグラフは，形がまったく同じで，x軸の方向に$\frac{\pi}{2}$だけずれています。そしてその形は，水面にできる波やロープを伝わる波と，よく似ています。**サインとコサインのグラフは，波の典型的な形をしているのです。**

三角関数のグラフ

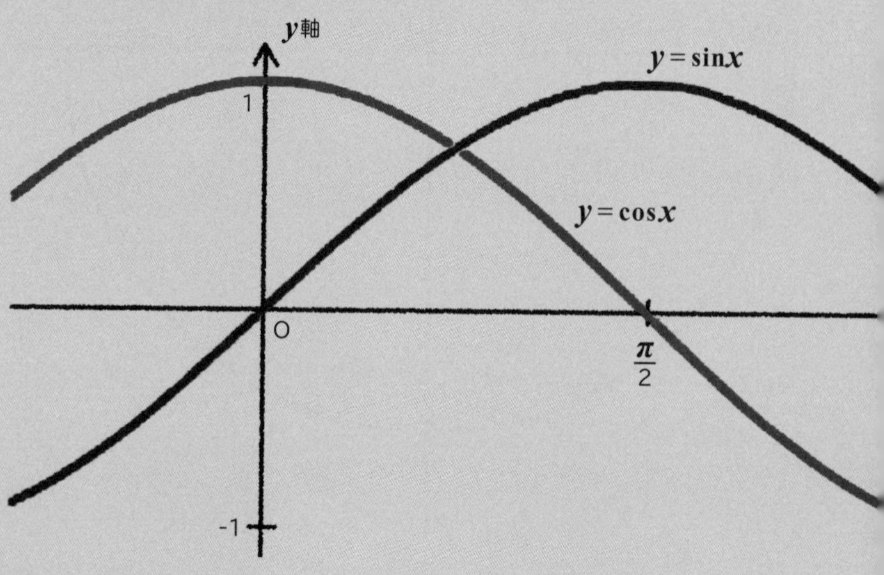

自然界の波や振動の性質を解き明かす

実は三角関数は，物理学でさまざまな「波」や「振動」をあらわすときに使われます。

たとえば，物体のもつ熱は，原子や分子の振動です。音は，空気の振動が広がっていく波です。地震は，地下や地面の振動が広がっていく波によっておきます。光や電波は，電場と磁場の振動が周囲に広がっていく波です。電場（電界）は電気的な力を発生させる空間の性質，磁場（磁界）は磁力を発生させる空間の性質のことです。

このように自然界は，さまざまな波や振動で満ちあふれています。その性質を解き明かすために，三角関数が使われるのです。

三角関数のサインとコサインのグラフをえがきました。サインとコサインのグラフは，波の典型的な形をしています。

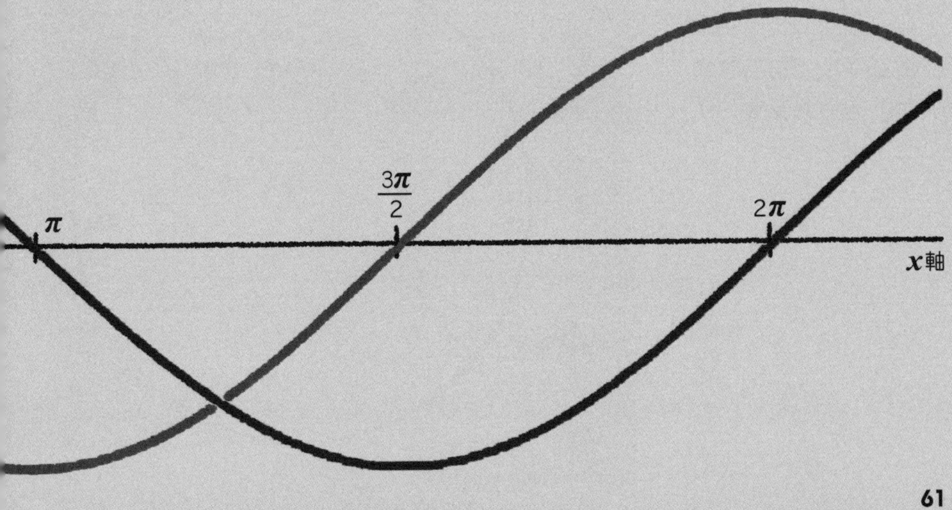

— 三角関数 —

9 三角関数であらわせる！円運動，単振動，そして波

円運動をもとにした振動が，「単振動」

いま，一定の速度で円運動をしている物体があるとします。この物体に横から光を当て，その影をスクリーンに投影することを考えましょう（下のイラスト）。

円運動をしている物体に横から光を当てると，物体の影は上下に振動します。このような円運動をもとにした振動を，「単振動」と

円運動と単振動と波の関係

円運動と単振動と波の関係をえがきました。どれも，三角関数を使ってあらわすことができます。

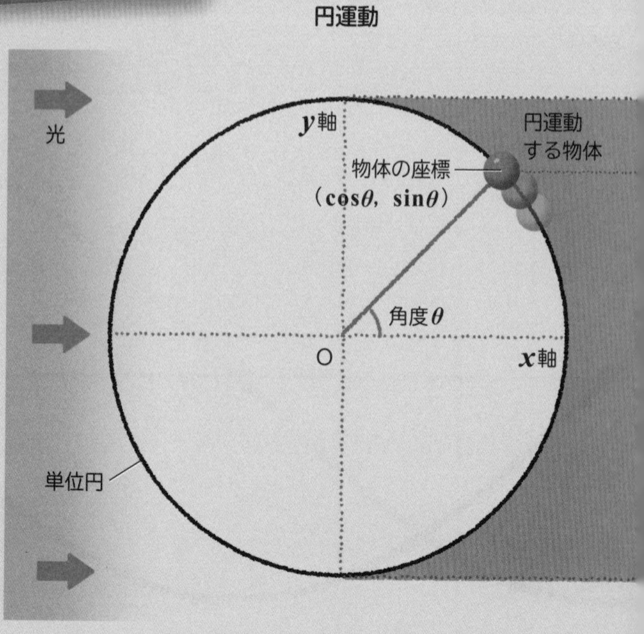

いいます。バネがついた物体も単振動をすることが知られています。

このような振動がそばの物体に伝わると，少しタイミングがずれた単振動が生じます。このような振動の伝播が次々におきていく現象が波です。

すべて，三角関数であらわすことができる

60ページで見たように，円運動する物体の座標は，三角関数を用いてあらわせます。そしてこの円運動をもとにした単振動も，三角関数であらわすことができます。そして単振動が連なった波も，三角関数であらわせます。**円運動も単振動も波も，すべて三角関数であらわすことができるのです。**

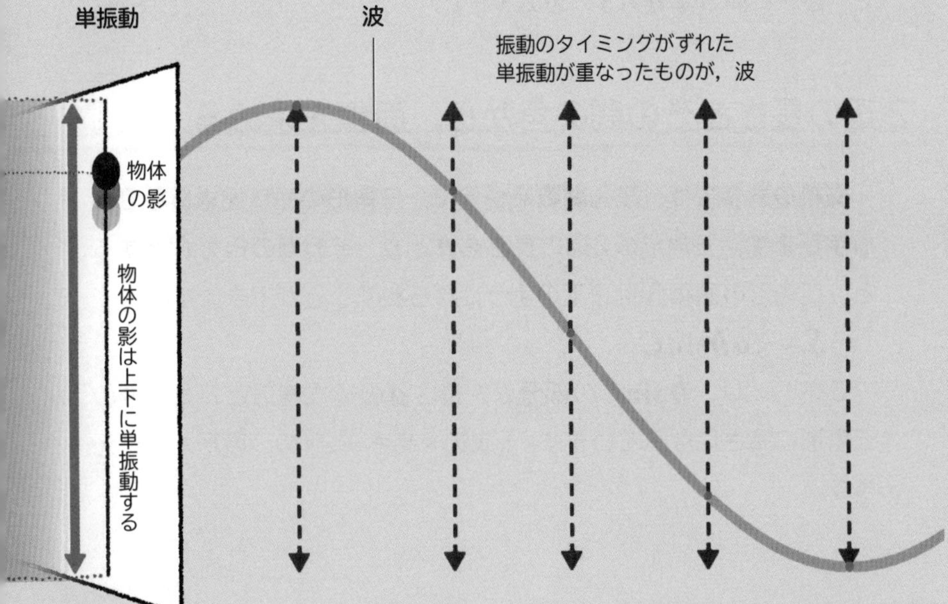

— 三角形の面積 —

10 三角形の面積は，三角関数でも計算できる

３辺の長さから，面積を求める

三角形の面積といえば,「底辺×高さ÷２」という公式が有名です。しかし現実の世界では，高さがわからない場合もあります。

たとえば，三つの道路で囲まれた三角形状の区画の面積を求めたいとします。区画内にたくさんの建物がある場合，直接，三角形の高さをはかることはできません。こういった場合に使えるのが,「ヘロンの公式」です。**ヘロンの公式は，三角形の3辺の長さa，b，cから三角形の面積Sを求める公式です。**$s=\frac{1}{2}(a+b+c)$とすると，以下のようにあらわすことができます。

$$S=\sqrt{s(s-a)(s-b)(s-c)}$$

２辺の長さとその間の角から，面積を求める

高校の数学では，三角関数を使って，三角形の面積を求める公式も学びます。三角形の２辺の長さをaとb，その間の角をCとすると，三角形の面積Sは以下のようにあらわすことができます。

$$S=\frac{1}{2}ab\sin C$$

この公式は，$b\sin C$の部分が，長さaの辺を底辺としたときの三角形の高さになっています。「底辺×高さ÷２」の，変形だといえます。

三角形の面積の公式

三角形の高さがわからない場合に使える，三角形の面積の公式を二つ示しました。ヘロンの公式（A）と，三角関数を使った三角形の面積の公式（B）です。

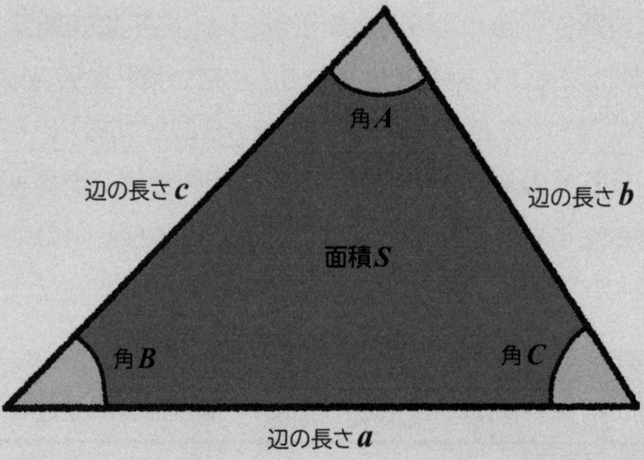

A. ヘロンの公式

3辺の長さがそれぞれa，b，cである三角形の面積Sは，

$$s=\frac{1}{2}(a+b+c)$$

とすると，以下のようにあらわせます。

$$S=\sqrt{s(s-a)(s-b)(s-c)}$$

B. 三角関数を使った三角形の面積公式

三角形の面積Sは，二つの辺の長さとその間の角度がわかっていれば，以下の公式からも求めることができます。

$$S=\frac{1}{2}ab\sin C$$

または

$$S=\frac{1}{2}bc\sin A$$

または

$$S=\frac{1}{2}ca\sin B$$

— 円と直角三角形 —

11 円と直径を使って，直角三角形をつくれる！

点を円周上のどこにえらんでも同じ角度に

中学校の数学で習う「円周角の定理」は，非常に興味深い定理です。弧ABと円周上の点Pを考えます（ただし点Pは弧AB上にはないとします）。このとき，∠APBを弧ABに対する「円周角」とよびます。**そして弧ABに対する円周角の大きさは，点Pを円周上のどこにえらんでも同じになります。**また，弧ABと円の中心Oを結

円周角の性質

円周角の定理（A）と，タレスの定理（B）をえがきました。

A. 円周角の定理

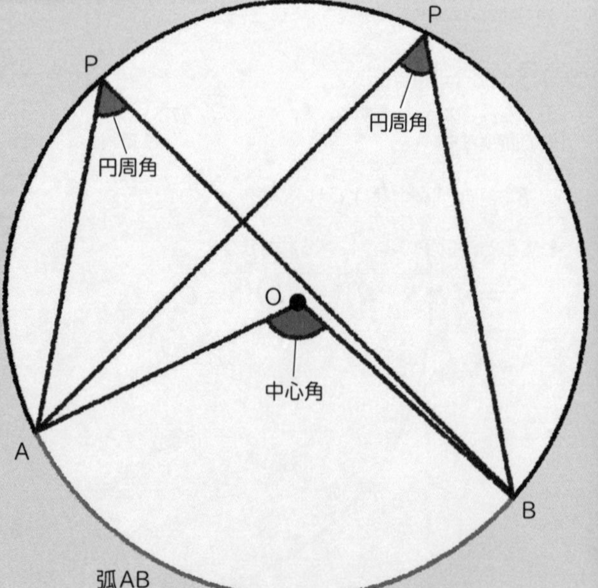

同じ弧ABに対する円周角∠APBは，点Pを弧AB以外の円周上のどこにとっても，等しくなります。また，中心角∠AOBは，必ず円周角∠APBの2倍の大きさになります。

る∠AOBを弧ABに対する「中心角」とよびます。**中心角はかならず円周角の2倍の大きさになります。**

円と直径で簡単に直角が作図可能

さらに，弧ABが半円になる，つまりABが直径になるときには，円周角は必ず直角になります。これを「タレスの定理（またはターレスの定理）」といいます。タレス（前624ごろ～前546ごろ）は，古代ギリシャの哲学者・数学者です。コンパスで円をえがき，中心を通る線を引けば，その線が直径になります。そして円周上に適当に点を取り，直径の両端と結ぶと，かならず直角になるわけです。この方法なら簡単に直角が作図可能です。

B. タレスの定理

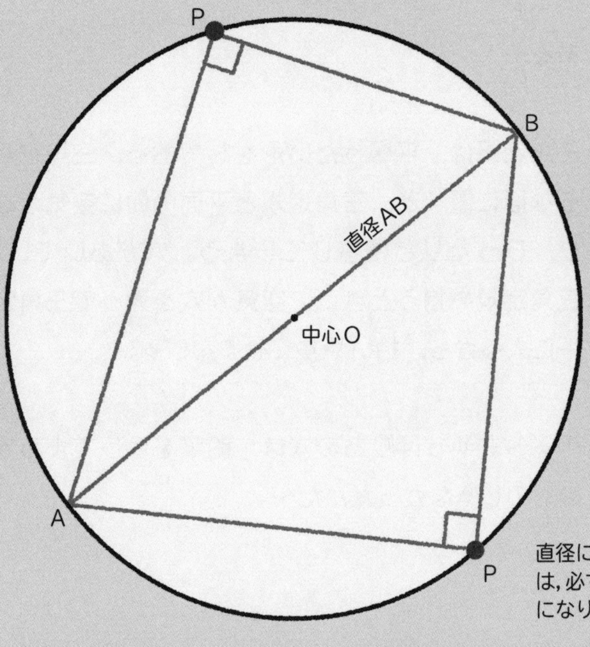

直径に対する円周角は，必ず90°（直角）になります。

博士！教えて!!

三角定規の穴は何？

博士，なんで三角定規には，穴があいているんですか？

ふむ。三角定規に穴をあけてあるのは，空気の通り道にするためじゃ。

空気の通り道？

うむ。三角定規をうっかり床に落として，なかなか拾えなかったことがあるじゃろ？

あるー！

三角定規は，平べったい形をしておる。三角定規を平らな面に置くと，三角定規と平面の間に空気がなくなり，ぴったりと密着してしまう。穴があいていれば，三角定規を拾うときに，空気が穴を通って三角定規の下に入るから，拾いやすくなるんじゃ。

へぇ～。やっぱりあの穴は，鉛筆をさしてまわすためのものじゃなかったんだ～。

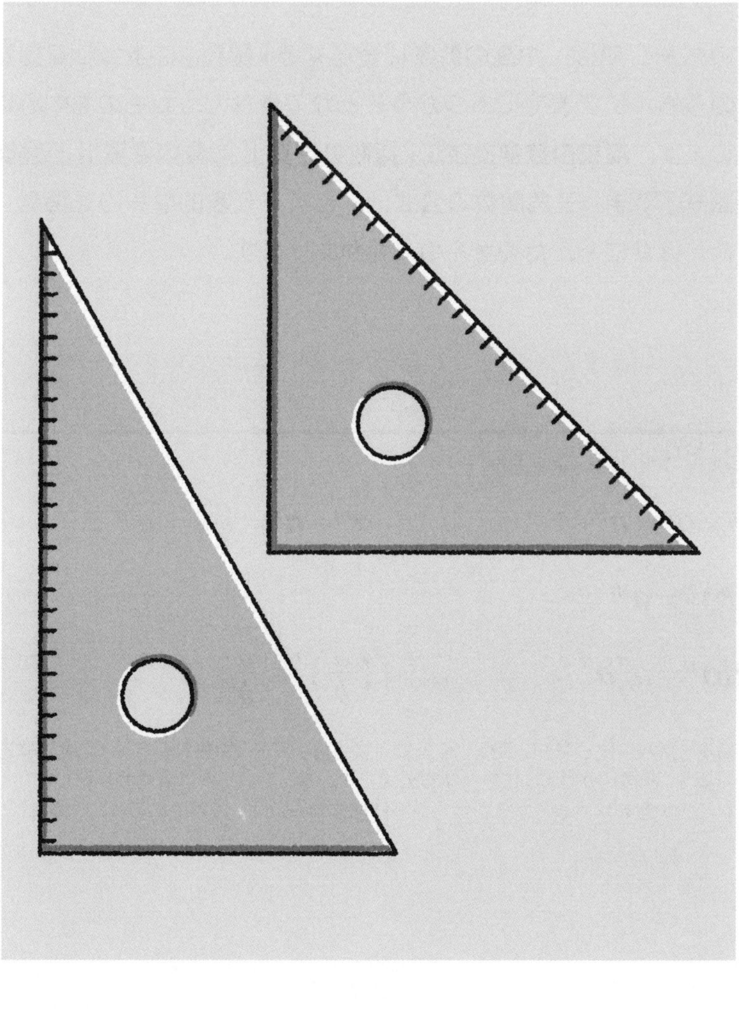

— 公式集 —

12 知っておきたい，関数の重要公式

「指数」「対数」「三角関数の公式」

このページでは，中高の数学に登場する「関数」にまつわる重要公式のうち，ここまでにあつかうことができなかったものを中心に紹介します。**高校の数学で学ぶ「指数の性質」「対数の性質」「三角関数の公式」です。** 三角関数の公式は，とくに代表的なものを掲載しました。ほかにも，たくさんの公式があります。

①指数の性質

Ⓐ $a^m \times a^n = a^{m+n}$　　Ⓑ $a^m \div a^n = \dfrac{a^m}{a^n} = a^{m-n}$

Ⓒ $(a^m)^n = a^{m \times n}$

Ⓓ $(ab)^n = a^n b^n$　　Ⓔ $\left(\dfrac{a}{b}\right)^n = \dfrac{a^n}{b^n}$

Ⓐはかけ算を「指数の足し算」に変換する公式，Ⓑは割り算を「指数の引き算」に変換する公式，Ⓒは累乗の計算を「指数のかけ算」に変換する公式です。ⒹとⒺは，かけ算や割り算してから累乗するのと，それぞれの数を累乗してからかけ算や割り算をするのは，同じであることを意味しています。

②対数の性質

Ⓐ $\log_a xy = \log_a x + \log_a y$

Ⓑ $\log_a \dfrac{x}{y} = \log_a x - \log_a y$

Ⓒ $\log_a x^n = n\log_a x$

Ⓓ $a^{\log_a x} = x$

Ⓔ $\log_a x = \dfrac{\log_b x}{\log_b a}$

Ⓐは「かけ算の対数」を「対数の足し算」に変換する公式，Ⓑは「割り算の対数」を「対数の引き算」に変換する公式です。Ⓒは，累乗の対数をとると，指数部分を前に出せることを意味しています。Ⓓは，対数の意味を考えるとわかります。「aを何乗すればxになるか」の数が，$\log_a x$です。aを$\log_a x$乗すれば，xになります。Ⓔは，対数の底をaからbに変換する公式です。

③三角関数の公式

Ⓐ $\sin^2\theta + \cos^2\theta = 1$

Ⓑ 加法定理

$$\sin(\alpha+\beta) = \sin\alpha\cos\beta + \cos\alpha\sin\beta$$
$$\cos(\alpha+\beta) = \cos\alpha\cos\beta - \sin\alpha\sin\beta$$

Ⓒ 正弦定理

$$\frac{a}{\sin A} = \frac{b}{\sin B} = \frac{c}{\sin C} = 2R$$

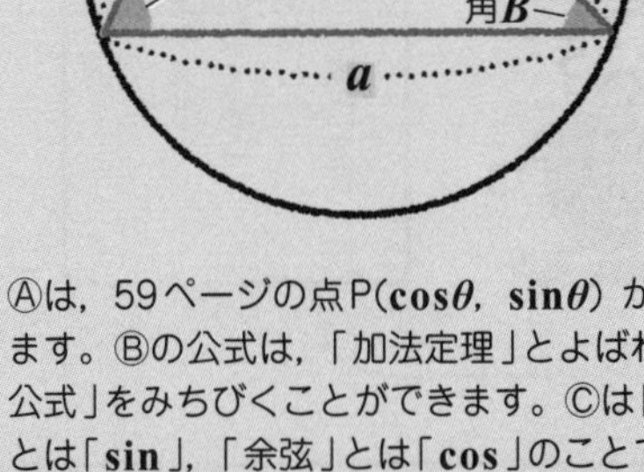

Ⓓ 余弦定理

$$a^2 = b^2 + c^2 - 2bc\cos A$$

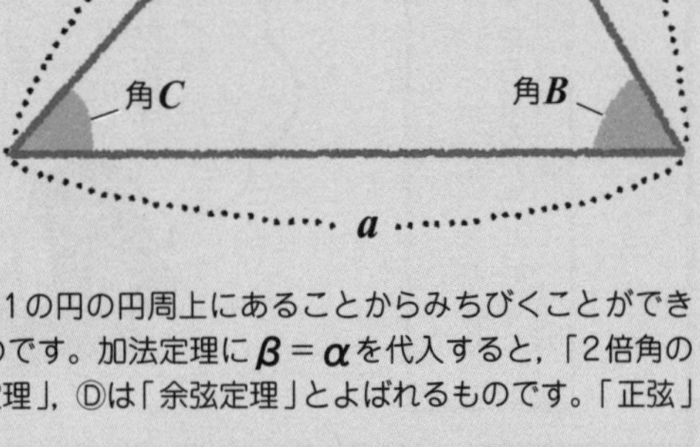

Ⓐは，59ページの点P($\cos\theta$, $\sin\theta$) が，半径1の円の円周上にあることからみちびくことができます。Ⓑの公式は，「加法定理」とよばれるものです。加法定理に$\beta=\alpha$を代入すると，「2倍角の公式」をみちびくことができます。Ⓒは「正弦定理」，Ⓓは「余弦定理」とよばれるものです。「正弦」とは「sin」，「余弦」とは「cos」のことです。

ギリシャ初の哲学者タレス

古代ギリシャの
自然哲学者タレス
（紀元前624ごろ～
紀元前546ごろ）

中学校の数学で習う
「タレスの定理」で
知られる

タレスが
古代ギリシャ最初の
哲学者として
紹介されたのは

アリストテレス
（紀元前384～
紀元前322）の
『形而上学』の
中でだった

タレスは
万物の根源は
水であると説いた

それまで神話によって
説明されていた
世界の起源を
はじめて合理的に
解き明かそうとした

ある夜
賢人タレスは
星の観察に夢中に
なるあまり
足もとの溝に落ちた

いっしょにいた女性には
そう笑われたという

タレスの仕返し

タレスは貧乏な生活を送っていた
それを見た人々は「哲学は何の役にも立たない」と悪口をいった
そこでタレスは一計を案じた
次期のオリーブが豊作であることを自然哲学の知識から予測
収穫前の冬の間にオリーブの圧搾機をできる限り買い占めると
収穫の時期に人々に貸し出して大きな富を得た
自分が貧乏なのは哲学が役に立たないからではなく
ただ金もうけに関心がないからだと人々に示した

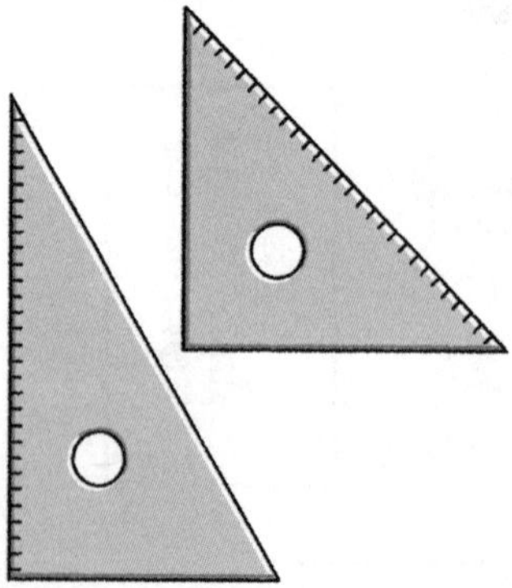

3.「微分積分」を使いこなそう

高校の数学の重要単元に，「微分積分」があります。微分積分は，中高数学の中でも，とくに多くの人が苦手意識をもつ単元といわれています。第3章では，微分積分についてみていきましょう。

— 微分 —

1 微分とは，グラフの接線の傾きを求めること

物体の運動を調べるのに威力を発揮

高校では，「微分」はグラフの接線の傾きを求めることだと習います。もう少しくだけたいい方をすれば，グラフを超拡大して見ることだともいえます。

微分は，物体の運動を調べるときに威力を発揮します。野球を例に，微分の意味を考えてみましょう。いま，バッターがボールを真上に

ボールまでの距離のグラフ

毎秒20メートルの初速で打ち上げられたボールまでの距離を，グラフにえがきました。x軸は時間（秒），y軸は距離（メートル）です。

注：距離は，バットとボールが当たった位置からボールまでの直線距離のことです。ボールが落下をはじめると，距離はどんどん短くなります。

打ち上げました。バットとボールが当たった位置を0メートル，x秒後のボールの高さ（距離）をyメートルとしたところ，$y=-5x^2+20x$という2次関数であらわせました（これは毎秒20メートルの初速で打ち上げた場合に相当します）。xを横軸，yを縦軸にしてグラフをえがくと，ボールまでの距離は下の曲線になります。

速度は，「移動した距離÷経過した時間」

1秒後から2秒後までの間の，ボールの速度を考えてみましょう。速度は，「移動した距離÷経過した時間」です。計算すると，（20－15）÷（2－1）＝毎秒5メートルとなります。**これは2点間を結んだ直線（点線）の「傾き（yの変化量÷xの変化量）」と一致します。**

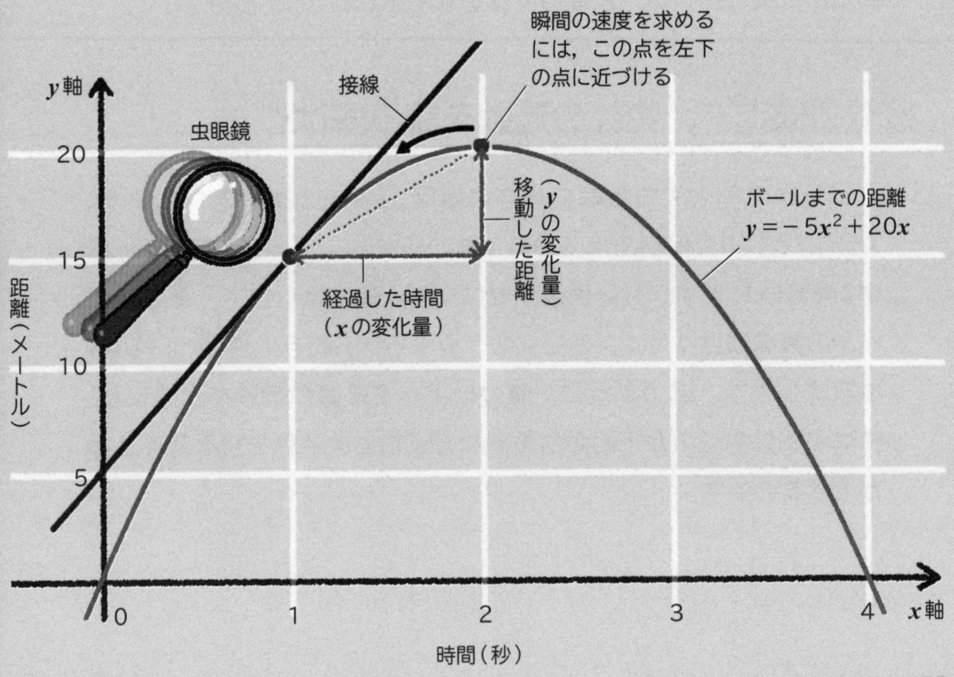

— 微分 —

2 微分の計算で，ある瞬間の速度がわかる！

瞬間の速度を求める場合，経過時間を０にする

77ページでのべた速度は，正確にいえば，１秒後から２秒後までの間の平均の速度です。では，１秒後（x＝１）の瞬間の速度はどのようにして求めればよいのでしょうか。

x＝１での瞬間の速度を求める場合，経過時間を０にする必要があります。77ページのグラフでいうと，x＝２の点を曲線に沿ってx＝１の点にかぎりなく近づけていきます。**そして2点が完全に一致したときの「接線」の傾きが，瞬間の速度になります。**このように，距離の関数を使って，瞬間の速度を求める計算が，「微分」です。

接線の傾きで，物体の運動を読み解ける

グラフの各点での接線の傾きの値は，「微分係数」といいます。76～77ページの例では，微分係数が正なら，上向きの速度（上昇中）を意味します。微分係数がゼロなら，速度はゼロで，そこがボールの最高到達点です。微分係数が負なら，下向きの速度（下降中）を意味します。**このように，微分によって接線の傾きを調べると，物体が上昇中なのか下降中なのかなど，物体の運動を読み解くことができるのです。**

微分のイメージ

虫眼鏡を使って，77ページのグラフの$x=1$の付近を，超拡大したイメージをえがきました。微分とはこのように，グラフ上の点を拡大して，その付近での傾きをはかることに相当します。Aは微分の計算のしかた，Bは微分の公式です。

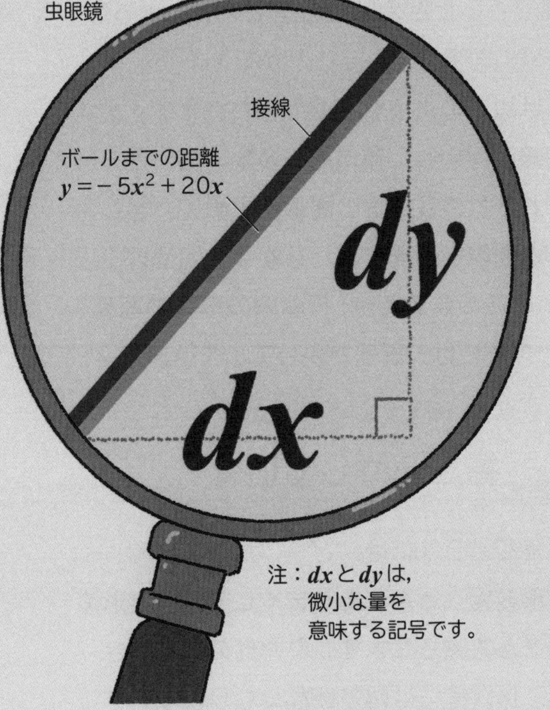

A. 微分の計算のしかた

$y=f(x)$の$x=a$での接線の傾きは，$x=a$での「微分係数」とよばれ，$f'(a)$であらわされます。微分係数は以下の計算によって求めることができます。

$$f'(a)=\lim_{h\to 0}\frac{f(a+h)-f(a)}{h}$$

$\lim\limits_{h\to 0}$は，「極限」とよばれる計算の記号で，hをかぎりなく0に近づけていくということを意味します。「リミット」と読みます。

$y=f(x)$のあらゆる点（あらゆるxの値）での接線の傾きをあらわす関数は，「導関数」とよばれ，$f'(a)$や$\frac{dy}{dx}$などの記号であらわされます。導関数を求めることを，一般的に「微分する」といいます。導関数は，以下の計算によって求められます（上の定数aを変数xに置きかえて計算するだけです）。

$$f'(x)=\lim_{h\to 0}\frac{f(x+h)-f(x)}{h}$$

B. 微分の公式

①$f(x)=x^n$のとき，$f'(x)=nx^{n-1}$

②$f(x)=a$（定数）のとき，$f'(x)=0$

①は，微分の公式の中でも，特に重要な公式です。x^nを微分すると，指数のnが前に出てきて，指数が1だけ減ります。
②の公式も重要で，どんな数であれ，定数を微分すると0になることを意味しています。

— 積分 —

3 積分とは，曲がった図形の面積や体積を求めること

多数の細い長方形に区分けする

「積分」は，曲がった図形の正確な面積や体積を，関数を使って求める方法です。積分を使うと，たとえば右のイラストのような，放物線とx軸で囲まれた領域の面積も求めることができます。

積分の計算は，具体的には以下のような手順で行われます。まず右のイラストのように，曲線に囲まれた領域を，多数の細い長方形に区分けします。そしてそれぞれの長方形の面積を求めて，足し合わせます。しかし，長方形と曲線との間には，必ずすき間やはみ出す部分ができます。そのためこのままでは，「曲線の下側の面積」と「長方形の面積の合計」との間には，誤差が生じてしまいます。

長方形の幅をせまくし，数をふやしていく

積分の計算で，面積の誤差を減らすには，どうしたらよいでしょうか。面積の誤差は，長方形の幅をどんどんせまくして，長方形の数をどんどんふやしていくことで減らせます。長方形の幅をかぎりなくゼロに近づけていくと，最終的には誤差がなくなります。そして長方形の面積の合計によって求められる面積は，曲線の下側の面積と等しくなります。これが「積分」です。以上のような計算は，積分の中でも特に，「区分求積法」とよばれるものです。

注：積分は，曲がった図形の体積を求めるのにも使われます。曲線に囲まれた領域を，多数の薄い板に分割して，計算します。

積分のイメージ

積分は，下のグラフの放物線とx軸で囲まれた領域の面積を求めるような計算のことです。まず，領域を多数の長方形に分割し，それらの面積を足すことを考えます。その後，長方形をかぎりなく細くしていくと，正確な面積を求められます。

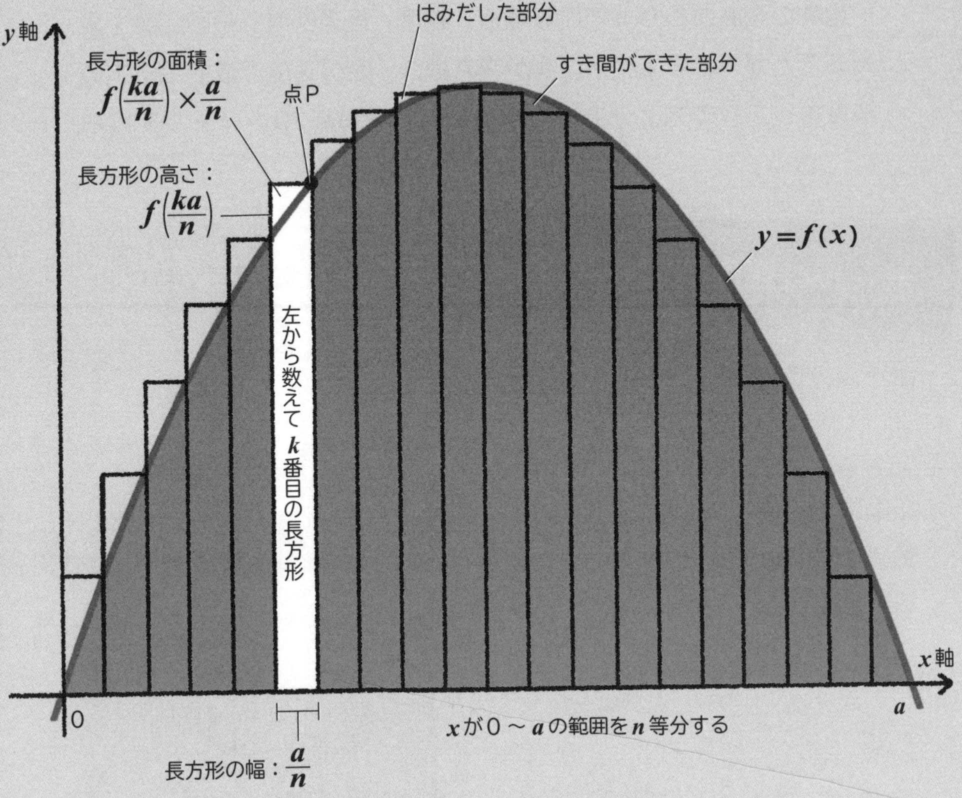

— 微分積分学の基本定理 —

4 積分は，速度から移動距離を求める方法

移動距離は，下側の領域の面積

微分と積分は，一見まったく別の計算のように思えますけれど，実は非常に深い関係があります。順番にみていきましょう。

物体の速度がわかっている場合，速度×経過時間で移動距離を求めることができます。下のグラフAは，一定の速度で進むボールの速度のグラフです。一方グラフBは，初速毎秒20メートルで打ち

ボールの速度のグラフ

ボールの速度のグラフを二つえがきました（A, B）。どちらのグラフも，ボールの速度の直線の下側の領域の面積が，ボールの移動距離です。

A. 一定の速度で進む
ボールの速度のグラフ

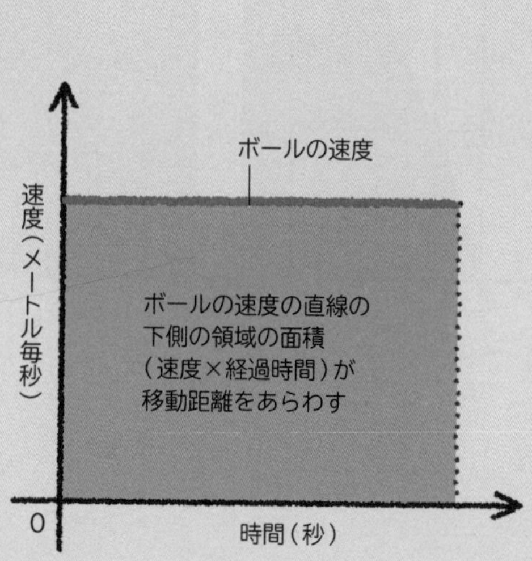

上げられたボールの速度のグラフです。**どちらもボールの移動距離は，ボールの速度の直線の下側の領域の面積と一致します。**

下側の領域の面積を求める計算が，積分

グラフBの白い長方形の面積は，長方形の横幅に相当する経過時間にボールが移動した距離と，ほぼ一致します。経過時間の幅をかぎりなく小さくしていけば，実際の移動距離との誤差はかぎりなく小さくなっていきます。**そのようなかぎりなく細い長方形を無数に足し合わせたものが，ボールの速度の直線の下側の領域（三角形部分）です。**そして80ページで見たように，この面積を求める計算が，「積分」です。

B. 初速毎秒20メートルで打ち上げられた
ボールの速度のグラフ

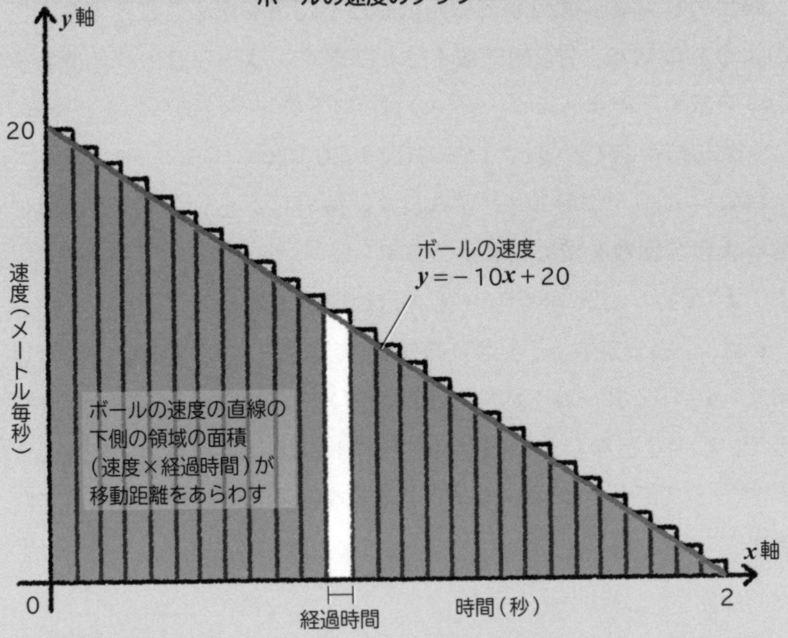

— 微分積分学の基本定理 —

5 微分と積分は，実はたがいに逆の関係だった!!

積分は，微分の逆

82ページで見たように，積分は速度から移動距離を求める方法です。一方，78ページで見たように，微分は移動距離から速度を求める方法でした。つまり積分は，微分の逆です。**速度と移動距離の例にかぎらず，微分と積分は，逆の計算に相当することが知られています。これを，「微分積分学の基本定理」といいます。**

積分で，「原始関数」を求めよう

積分の計算は，微分したら元にもどる関数を求めることです。このような関数を，「原始関数」とよびます。グラフBの原始関数$F(x)$を求めてみましょう。$F(x)$は，以下のようにあらわされます。

$$F(x)=\int f(x)\,dx=\int(-10x+20)\,dx$$

$\int$は，「インテグラル」と読みます。微分したら「$-10x+20$」になるような関数を求めればよいので，

$F(x)=-5x^2+20x+C$と計算できます。

Cは，「積分定数」とよばれる任意の定数で，微分すると0になります。$x=0$（ボールを打ち上げた瞬間）で$F(x)=0$（距離が0）なので，$C=0$となり，$F(x)=-5x^2+20x$となります。これは，77ページで示した，ボールまでの距離をあらわす関数と一致しています。

積分と微分の関係

微分と積分の関係をえがきました。

1. ボールの速度のグラフ

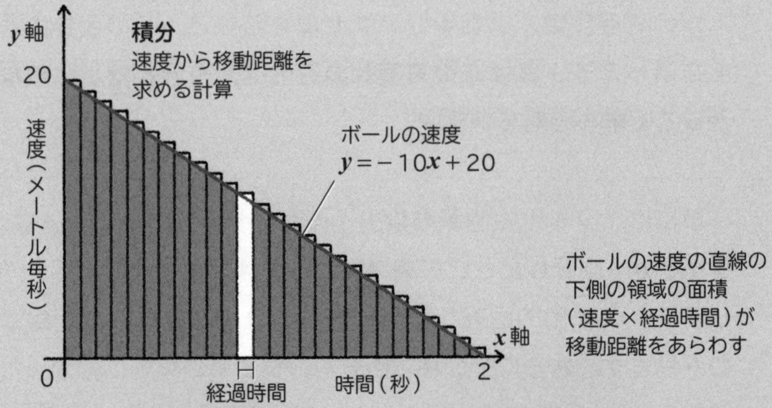

2. ボールまでの距離のグラフ

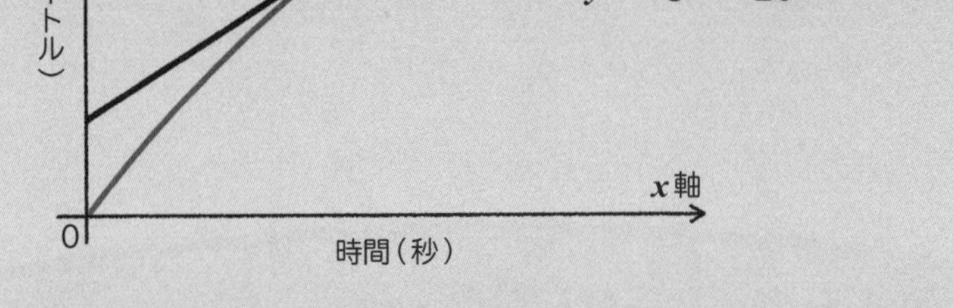

車の速度計と距離計

車の速度計は，運転手がアクセルを踏むと，そのときの速度を示します。**実はこの速度計の速度は，微分と同じようなやり方で求められています。**

車には，タイヤの回転を検出するセンサーがついています。タイヤが1回転したときの車の移動距離は，タイヤの円周と同じです。タイヤの回転した回数がわかれば，車の移動距離がわかります。さらにその移動距離を，タイヤの回転にかかった時間で割れば，速度がわかります。**このように速度計の速度は，ごく短い時間の移動距離を経過時間で割り算するという，微分と同じやり方で求められたものなのです。**

一方，車の距離計の距離は，積分と同じやり方で求められたものではありません。距離計の距離は，タイヤの回転した回数に，タイヤの円周をかけ算したものだからです。積分のように，車の速度と経過時間から求めたものではないので，ご注意ください。

— 定積分 —

6 定積分で，ある範囲の面積を求めることができる

原始関数を求める積分は，「不定積分」

84ページでは，微分したら元にもどる関数を求める積分を紹介しました。微分すると$f(x)$にもどる原始関数$F(x)$を求める積分は，積分の中でも「不定積分」とよばれます。

一方，ある限られた領域の面積などを求める場合に使われる積分は，「定積分」とよばれます。

定積分では，代入したものを引き算する

定積分を使った面積の計算は，$F(x)$を使って，以下のように行います。$y=f(x)$とx軸，および$x=a$，$x=b$で囲まれた領域の面積（右グラフの着色された領域）は，$\int_a^b f(x)\,dx$とあらわし，

$$\int_a^b f(x)\,dx=\left[F(x)\right]_a^b=F(b)-F(a)$$

と計算できます。$\left[F(x)\right]_a^b$は，上の式の通り，$F(x)$に$x=b$を代入したものから，$F(x)$に$x=a$を代入したものを引くことをあらわしています。これが，「定積分」です。定積分では，x軸より下側の面積は，負の値として計算されます。

定積分

グラフの着色された領域が，$\int_a^b f(x)\,dx$ で求められる領域です。

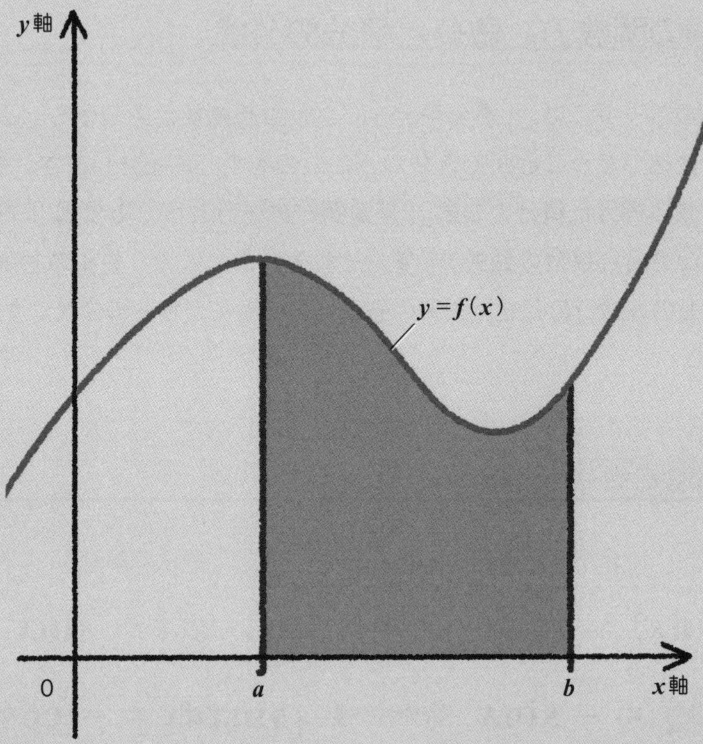

— 公式集 —

7 知っておきたい，微分積分の重要公式

３種類の関数の，微分と積分の公式

　このページでは，「微分積分」にまつわる重要公式のうち，ここまでにあつかうことができなかったものを中心に紹介します。**「三角関数の微分と積分の公式」「指数関数の微分と積分の公式」「対数関数の微分と積分の公式」です。**それぞれの公式で，矢印の左側にあるものが微分の公式，矢印の右側にあるものが積分の公式です。

①三角関数の微分と積分

$$(\sin x)' = \cos x \longleftrightarrow \int \cos x\,dx = \sin x + C$$

$$(\cos x)' = -\sin x \longleftrightarrow \int \sin x\,dx = -\cos x + C$$

②指数関数の微分と積分

$$(a^x)' = a^x \log_e a \longleftrightarrow \int a^x dx = \frac{a^x}{\log_e a} + C$$

$$(e^x)' = e^x \longleftrightarrow \int e^x dx = e^x + C$$

eは，「ネイピア数」とよばれる無理数です。eを小数であらわすと，約2.718です。e^xは，微分しても積分しても，元のe^xのままであるという特徴があります。ただし不定積分の場合は，積分定数Cが加わります。

③対数関数の微分と積分

$$(\log_e x)' = \frac{1}{x} \longleftrightarrow \int \frac{1}{x} dx = \log_e x + C$$

（x＞0とする）　　（x＞0とする）

x^nを微分すると，nx^{n-1}になります。つまり，指数部分が1減ります。$\frac{1}{x}$は，x^{-1}です。しかしx^0を微分しても，x^{-1}にはなりません。$x^0=1$なので，x^0を微分すると0になるからです。微分してx^{-1}の形になる関数は，x^nの中にはありません。微分してx^{-1}になる関数は，eを底とする対数関数です。

注：90～91ページに登場するCは積分定数で，微分すると0になります。

ニュートンとライプニッツ

同時代を生きたアイザック・ニュートン（1643～1727）とゴットフリート・ライプニッツ（1646～1716）は

哲学や数学，物理学などの分野で多くの業績を残した

ニュートンは自分の業績を発表することにはあまりこだわっていなかった

成果をまとめた著書『プリンキピア』も人に説得されて書いたものだった

ライプニッツは数多の業績を世に出したいために学術誌まで創刊

しかし関心が広すぎて仕事をおろそかにしていると疑われることも

ニュートンは生涯イギリスを出ずライプニッツはドイツを中心にヨーロッパ中で活動

対照的な2人は直接会うことはなかったものの1670年ごろから書簡で交流をつづけた

微分積分の発見者
現代の数学に欠かせない微分積分
ニュートンは微分積分の概念を1665年に発想。しかし先に世に発表したのはライプニッツだった
ニュートンは1695年にライプニッツの業績を知るもあまり関心を示さず
ニュートン先生のほうが先だ!
しかしニュートンの支持者がライプニッツを非難しはじめると泥沼の論争に
ライプニッツはニュートンが代表をつとめるイギリスの王立協会に判断をゆだねる
〇年△月×日
王立協会は2人の書簡をまとめた書簡集を発表するもライプニッツの書簡の日付が変更されていた
これをもってライプニッツは「他にやることがある」とこの論争にかかわらなくなる
f(x)
ちなみに微分積分の記号はライプニッツの発案したものが現在も使われている

4.「確率と統計」を使いこなそう

確率と統計は，実生活や社会で役立っていることが，比較的わかりやすい分野です。確率の考え方はゲームでも生かせますし，統計は世論調査などで必ず使われます。第4章では，具体例とともに，確率と統計についてみていきましょう。

— 期待値 —

1 平均して期待できる成果の値，それが期待値

どの目にかけるか，決めるとき役立つ

2個のサイコロを振って，1のぞろ目（同じ目）が出るか，1以外のぞろ目が出るか，それ以外が出るか，かけをするとします。1のぞろ目にかけて当たったら賞金1万円，1以外のぞろ目なら3000円，それ以外なら400円がもらえます。どの目にかけますか？

こういうとき役立つのが，「期待値」です。期待値とは，平均して期待できる成果を計算した値です。上の例では，「賞金×確率」を賞金ごとにすべて計算し，合計すると求められます。

期待値が大きいほど，合理的

サイコロ2個を振って，1のぞろ目が出る確率は36分の1，1以外のぞろ目が出る確率は36分の5，それ以外の目が出る確率は36分の30（6分の5）です。1のぞろ目にかけた場合の期待値は，

10000円×1/36＋0円×5/36＋0円×5/6＝約278円。

1以外のぞろ目にかけた場合の期待値は，

0円×1/36＋3000円×5/36＋0円×5/6＝約417円。

それ以外の目にかけた場合の期待値は，

0円×1/36＋0円×5/36＋400円×5/6＝約333円です。

1以外のぞろ目にかけるのが，最も期待値が大きく，合理的です。

期待値の求め方

期待値を求める式を示しました。値x_1を得られる確率がp_1，値x_2を得られる確率がp_2，値x_3を得られる確率がp_3，……，値x_nを得られる確率がp_nとします。値×確率を値ごとにすべて計算し，合計すると，期待値を求めることができます。

$$\text{期待値} = x_1 p_1 + x_2 p_2 + x_3 p_3 + \cdots + x_n p_n$$
$$= \sum_{k=1}^{n} x_k p_k$$

— 期待値 —

2 やっぱり。宝くじの期待値は，購入金額よりも低い

ミニロト1等は，16万9911分の1

今度は，実際の宝くじである，「ミニロト」「ロト6」「ロト7」の期待値を計算してみましょう。これらはどれも，自分で好きな数字を複数選んで，それらが抽せんで決まる数字と何個一致しているかで当せん額が決まります。**当せん確率は，当せんの条件を満たす数字の組み合わせの数を，数字の選び方の総数で割れば，求められます。**

たとえばミニロトの1等は，31個の数字の中から選んだ5個の数字が，抽せんで決まった「本数字」5個とすべて一致する必要があります。5個の数字の選び方は16万9911通りで，1等の組み合わせは1通りなので，1等の当せん確率は16万9911分の1です。

運営側が，損をしないようになっている

実際に期待値を計算すると，ミニロトは約89.8円，ロト6は約89.9円，ロト7は約133.6円となりました（右のイラスト）。ミニロトとロト6は1口200円，ロト7は300円なので，ロト7の期待値を200円あたりに換算すると，約89.1円になります。**宝くじやギャンブルは基本的には，購入した金額（かけ金）よりも，当せんで得られる期待値の方が小さくなるように設定されています。**そうすることで，運営側（胴元）が損をしないようになっているのです。

宝くじの期待値

ミニロト，ロト6，ロト7の期待値を計算しました。

ミニロト

1口200円で，1～31の31個の数字の中からことなる5個を選びます。選んだ5個の数字が，抽せんで決まる「本数字」5個，「ボーナス数字」1個と何個一致したかで当せん金額が決まります。

$$
\text{期待値} = 10000000\times\frac{1}{169911} + 150000\times\frac{5}{169911} + 10000\times\frac{125}{169911} + 1000\times\frac{3250}{169911}
$$

$$
= \text{約}89.8\text{円}
$$

ロト6

1口200円で，1～43の43個の数字の中からことなる6個を選びます。選んだ6個の数字が，抽せんで決まる「本数字」6個，「ボーナス数字」1個と何個一致したかで当せん金額が決まります。

$$
\text{期待値} = 200000000\times\frac{1}{6096454} + 10000000\times\frac{6}{6096454} + 300000\times\frac{216}{6096454} + 6800\times\frac{9990}{6096454} + 1000\times\frac{155400}{6096454}
$$

$$
= \text{約}89.9\text{円}
$$

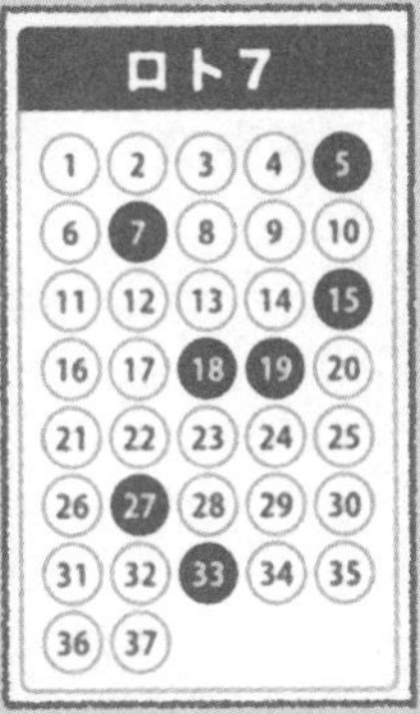

ロト7

1口300円で，1～37の37個の数字の中からことなる7個を選びます。選んだ7個の数字が，抽せんで決まる「本数字」7個，「ボーナス数字」2個と何個一致したかで当せん金額が決まります。

$$
\text{期待値} = 600000000\times\frac{1}{10295472} + 7300000\times\frac{14}{10295472} + 730000\times\frac{196}{10295472} + 9100\times\frac{9135}{10295472} + 1440\times\frac{142100}{10295472} + 1000\times\frac{242550}{10295472}
$$

$$
= \text{約}133.6\text{円} \quad \rightarrow \quad 1\text{口}200\text{円に換算すると 約}89.1\text{円}
$$

— 条件つき確率 —

3 あの出来事がおきたとき，この出来事がおきる確率

片方のコインは表，もう一方のコインは？

2枚のコインを放り投げて，落ちたコインの表裏を当てるゲームを考えましょう。いま，2枚のうちのいずれか1枚のコインが，表であるとわかりました。さて，残りの1枚のコインも表である確率は，いくつでしょうか。**直感的には，2分の1と考える人が多いのではないでしょうか。ところが正解は，3分の1です。**

条件つき確率は，直感に反することがある

何も情報がない段階で考えられる表裏のパターンは，［表，表］［表，裏］［裏，表］［裏，裏］の4通りで，それぞれ等確率でおきます（右のイラスト）。2枚のうちのいずれか1枚が表とわかったので，［裏，裏］の可能性がなくなりました。残った3パターンのうち，残りの1枚も表であるのは，［表，表］の1パターンのみです。つまり，確率3分の1というわけです。

このように，ある事象Xがおきたとき，別の事象Yがおきる確率を，「条件つき確率」といい，$P(Y|X)$のように書きます。**条件つき確率は，直感に反することがしばしばあります。**

2枚のコインの表裏

2枚のコインを放り投げたときの，表裏のパターンをえがきました（A～D）。それぞれがおきる確率は，4分の1です。

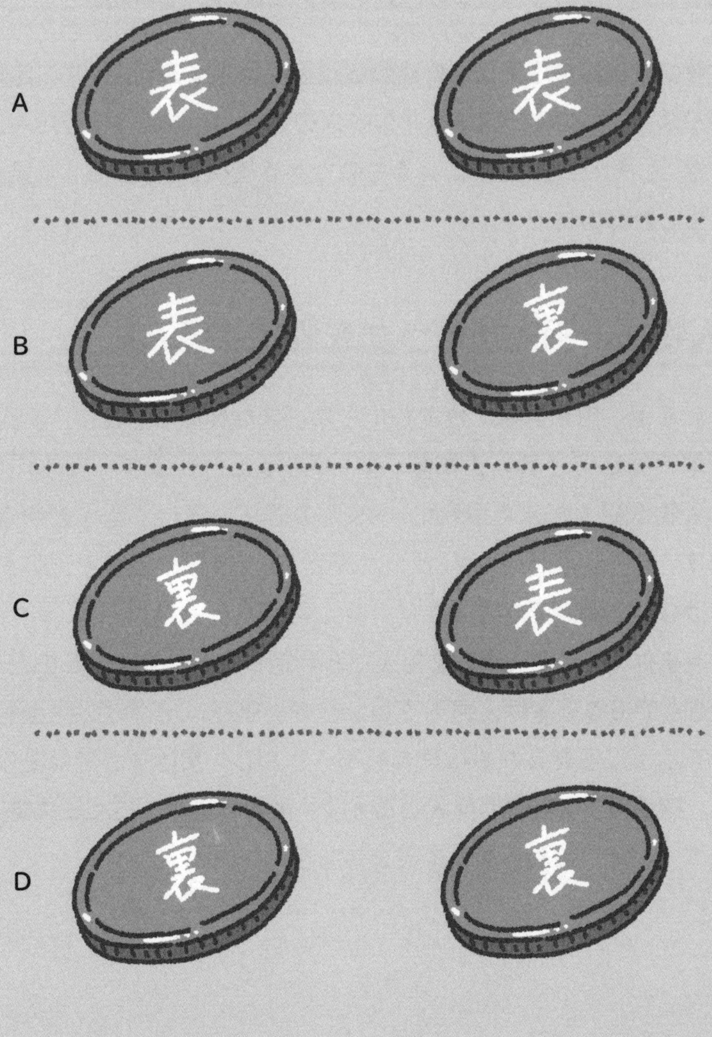

— 条件つき確率 —

4 結果から原因を推定！ベイズの定理

結果Bが，原因Aによるものである確率P

条件つき確率の応用に，結果から原因を推定する「ベイズの定理」があります（右のイラスト）。ベイズの定理は，ある結果Bがおきたときに，それが原因Aによるものである確率P（原因A｜結果B）を求める計算方法です。

ある人物が，犯人かどうかを判定するAI

たとえば，犯罪現場に残されたさまざまな情報をもとに，犯人を高確率で推定できる人工知能（AI）があったとします。このAIは，ある人物が犯人だった場合に，99％の確率で正しく犯人と判定できます。また，犯人ではなかった場合に，99％の確率で正しく犯人ではないと判定できます[※1]。

ある事件で，AIが人物Xを犯人だと判定したとします。このとき，Xが犯人である確率は，何％でしょうか。99％の確率で，Xが犯人であるように思えるかもしれません。しかし，実はそうではありません。**確率は，容疑者が何人いるかで，大きく変わってくるのです。**104ページで，くわしくみてみましょう。

※1：二つの確率は，一般的にはことなります。ここでは，問題を簡単にするため，ともに99％としました。

ベイズの定理

ベイズの定理を示しました。ベイズの定理を示しました。P（原因A｜結果B）は，ある結果Bがおきたときに，それが原因Aによるものである確率です。P（結果B｜原因A）は，ある原因Aがおきたときに，結果Bがおきる確率です。

$$P(\text{原因}A \mid \text{結果}B) = \frac{P(\text{原因}A) \times P(\text{結果}B \mid \text{原因}A)}{P(\text{結果}B)}$$

AIに犯人と判定された人物が，どれくらいの確率で犯人なのか，ベイズの定理を使えばわかるのだ。

— 条件つき確率 —

5 AIが犯人と判定。確率は，容疑者の数で変わる

容疑者が50人だと，Xが犯人の確率は約67％

あるパーティーで，窃盗事件が発生したとします。犯人は1人，容疑者はパーティーの参加者50人です。**AIがXを犯人と判定したときに，Xが実際に犯人である確率をベイズの定理を使って計算すると，約67％になります（くわしい計算は右のイラスト）。**AIは，犯人以外の49人に対して，各々1％の確率で犯人と判定します。その分，Xが犯人である確率は，小さな値になります。

容疑者5万人だと，Xが犯人の確率は約0.2％

今度は，野球場で窃盗事件が発生したとします。犯人は1人，容疑者は観客5万人です。**AIがXを犯人と判定したときに，Xが実際に犯人である確率をベイズの定理を使って計算すると，約0.2％になります。**容疑者が5万人と多いと，AIに犯人と判定されたとしても，実際に犯人である確率はきわめて低くなるのです。

ベイズの定理は，新型コロナのPCR検査やがんの検査などにも応用可能です。病気の検査は一般的に，何らかの方法で陽性の可能性がある対象者をしぼりこまないと，実際には陰性なのに陽性と判定される人の割合がふえてしまうおそれがあるので，注意が必要です。

Xが犯人である確率

Xが実際に犯人である確率を，ベイズの定理を使って計算しました（A，B）。AIは，ある人物が犯人だった場合に，99％の確率で正しく犯人と判定できます。また，犯人ではなかった場合に，99％の確率で正しく犯人ではないと判定できます。

A. 容疑者が50人の場合（パーティーで窃盗事件）

・AIの判定前にXが犯人である確率

$P(\text{犯人}) = 0.02$

・Xが犯人である場合に犯人と判定される確率

$P(\text{判定} \mid \text{犯人}) = 0.99$

・AIにXが犯人と判定される確率

＝犯人であり，犯人と判定される確率＋犯人ではなく，犯人と判定される確率

$P(\text{判定}) = 0.02 \times 0.99 + 0.98 \times 0.01 = 0.0296$

$$P(\text{犯人} \mid \text{判定}) = \frac{P(\text{犯人}) \times P(\text{判定} \mid \text{犯人})}{P(\text{判定})} = \frac{0.02 \times 0.99}{0.0296} = 0.668\cdots = \text{約}67\%$$

B. 容疑者が5万人の場合（野球場で窃盗事件）

・AIの判定前にXが犯人である確率

$P(\text{犯人}) = 0.00002$

・Xが犯人である場合に犯人と判定される確率

$P(\text{判定} \mid \text{犯人}) = 0.99$

・AIにXが犯人と判定される確率

＝犯人であり，犯人と判定される確率＋犯人ではなく，犯人と判定される確率

$P(\text{判定}) = 0.00002 \times 0.99 + 0.99998 \times 0.01 = 0.0100196$

$$P(\text{犯人} \mid \text{判定}) = \frac{P(\text{犯人}) \times P(\text{判定} \mid \text{犯人})}{P(\text{判定})} = \frac{0.00002 \times 0.99}{0.0100196} = 0.0100196\cdots = \text{約}0.2\%$$

パワーボール

一攫千金をねらって，普段は買わない宝くじを買ったことがあるという人もいるのではないでしょうか。**宝くじの当せん金額で過去最も高額な大当たりは，2016年1月13日にアメリカで出た，15億8600万ドル（約1766億円）といわれています（2022年6月20日時点）。**

15億8600万ドルの大当たりが出たのは，「パワーボール」という宝くじです。パワーボールは，買うときに1から69までの数字から5個，1から26までの数字から1個，数字を選びます。**そして，選んだ数字がすべて当せん番号と一致すると，「ジャックポット（大当たり）」となります。**

パワーボールのジャックポットの賞金額は，4000万ドルからはじまります。**大当たりが出なかったら次回以降にくりこされ，くりこしが重なれば重なるほど，賞金額が高額になっていきます。**ジャックポットの確率は，2億9220万1338分の1しかありません。しかしその分，くりこしが重なって，賞金額が高額になりやすいのです。

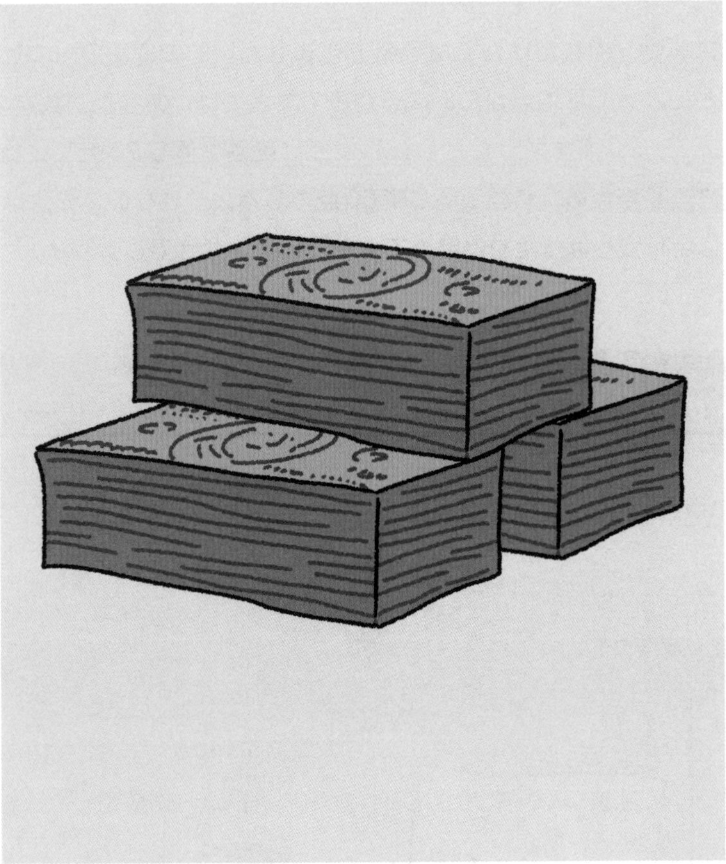

— 分散と標準偏差 —

6 テストでほめられた！理由が知りたい

「今回はよくがんばったね」とほめてくれた

テストは，点数だけからは判断できません。その理由の一つは，テストによって平均点がことなるからです。では，あなたが数学のテストで，70点を取ったとしましょう。**前回も同じ70点でした。クラスの平均点も，前回と同じで60点でした。** それなのに先生は，今回はよくがんばったねとほめてくれました。なぜでしょうか。

テストの点数別の人数

テストの点数別に，人数を集計したグラフを示しました（A，B）。

A. 前回の数学のテスト

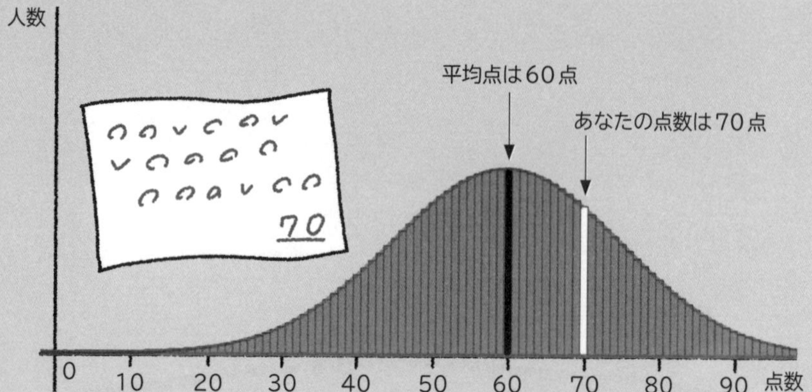

よい点数をとった人が，少ししかいなかった

下のグラフは，前回のテストと今回のテストで，点数別に人数を集計したものです。前回はなだらかな山のような分布をしていたのに対して，今回はとがった山のような分布をしていました。前回は，あなたよりもよい点数を取った人がたくさんいました。しかし今回は，前回にくらべて，あなたよりもよい点数を取った人が少ししかいませんでした。だから先生は，あなたをほめてくれたのです。

左ページのグラフは平均点からのばらつきが大きく，右ページのグラフはばらつきが小さいといえます。このようにデータのばらつきを見ることも，データを正しく理解するうえで重要なのです。

B. 今回の数学のテスト

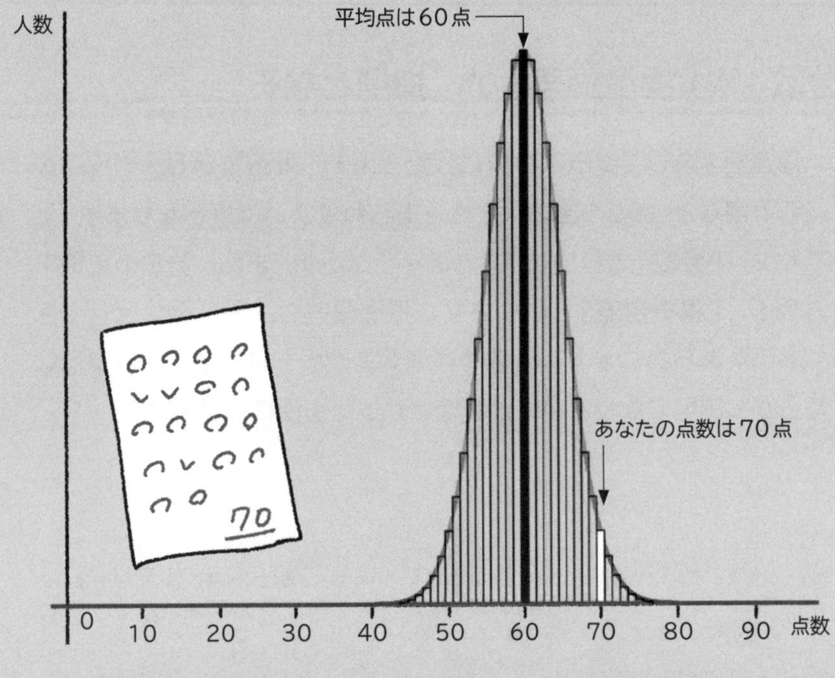

— 分散と標準偏差 —

7 標準偏差は，データのばらつきの大きさ

「偏差」は，そのままでは指標にならない

平均値と個々のデータの差のことを,「偏差」といいます。偏差は，平均値よりも大きければプラスの値，平均値よりも小さければマイナスの値になります。平均点が60点のとき，あなたの点数が70点なら偏差は10，あなたの点数が50点なら偏差は－10です。

偏差は，個々のデータが平均値からどれくらいはなれているかをあらわします。しかし全データの偏差をすべて足すと，必ずゼロになってしまいます。そのため偏差はそのままでは，データ全体のばらつきぐあいの指標にはなりません。

「分散」や「標準偏差」が，指標となる

偏差を2乗してプラスの数にしたうえで，すべて足し，データの総数で割ると，ばらつきの大きさをあらわすよい指標となります※1。これを，「分散」といいます（右のイラスト）。また，分散の正の平方根を，「標準偏差」といいます。標準偏差も，データのばらつきぐあいをあらわします。分散や標準偏差が大きければ，グラフはなだらかな山型になり，小さければとがった山型になります。

※1：偏差をプラスにするためだけなら，絶対値をとったり，2乗以外の偶数乗にしてもよいのではないか，と思うかもしれません。しかし2乗にすると，数学上のメリットがいくつかあるため，分散はこのような定義となっています。

分散と標準偏差

分散を求める式と，標準偏差を求める式を示しました。分散の正の平方根が，標準偏差です。分散や標準偏差の大きさによって，グラフの山型の形状がわかります。

$$分散 = \frac{(x_1 - x_{平均})^2 + (x_2 - x_{平均})^2 + \cdots + (x_n - x_{平均})^2}{n}$$

$$= \frac{1}{n}\sum_{k=1}^{n}(x_k - x_{平均})^2$$

［x_kは各データの値，$x_{平均}$は平均値，nはデータの総数］

$$標準偏差 = \sqrt{分散}$$

— 正規分布 —

8 偏差値は，平均点からのはなれぐあい

どれくらい，どちらの方向に，はなれているか

高校受験や大学受験などの際，合格可能性の目安として最もよく使われているのが，「偏差値」です。110 ページで説明した標準偏差は，データ全体のばらつきぐあいをあらわす指標です。一方，偏差値は，ある人の点数がどれくらい，どちらの方向に，平均点からはなれているかをあらわす指標です。

$$\text{偏差値} = \frac{\text{点数} - \text{平均点}}{\text{標準偏差}} \times 10 + 50$$

標準偏差一つ分で，偏差値10

偏差値は，点数が平均点と同じだった場合，50になります。そして，点数が平均点を標準偏差一つ分だけ上まわる（下まわる）ごとに，10ずつふえて（減って）いきます。

たとえば，あるテストの平均点が65点，標準偏差が15，あなたの点が95点だったとしましょう。偏差値は，70になります。つまり点数が，平均点から標準偏差二つ分，高かったということです。

偏差値

偏差値を求める式を示しました。点数が平均点と同じだった場合，分数部分が0になるため，偏差値は50です。点数が平均点よりも標準偏差一つ分上まわると，分数部分が1になるため，偏差値は60です。

$$\text{偏差値} = \frac{\text{点数} - \text{平均点}}{\text{標準偏差}} \times 10 + 50$$

— 正規分布 —

9 自然界のデータの分布は，正規分布にしたがう

正規分布の曲線は，釣鐘のような形

テストの点数の分布は，一般的に，テストを受ける人が十分に多いなどの条件を満たすと，「正規分布」(右のグラフ）という分布に近い形になることが知られています。正規分布をあらわす曲線は，釣鐘（ベル）のような形をしていることから，「釣鐘曲線（ベルカーブ)」とよばれることもあります。**テストの点数だけでなく，人の身長など，自然界や社会で見られるさまざまなデータの分布が，正規分布にしたがうことが知られています。**

偏差値40 ～ 60に，全体の約68％が入る

正規分布のグラフの形は，平均値と分散（または標準偏差）が決まれば，一つに決まります。平均値からプラスマイナス標準偏差一つ分の範囲に，全データの約68％が含まれます。プラスマイナス標準偏差二つ分の範囲には約95％，三つ分の範囲には約99.7％が含まれます。**偏差値でいいかえると，偏差値40 ～ 60の範囲に全体の約68％，偏差値30 ～ 70の範囲に約95％，偏差値20 ～ 80の範囲に約99.7％が入ります。**

注：テストの点数の分布は，テストを受けた人の数や問題の数が少なかったり，問題の難易度にかたよりがあったりすると，正規分布にしたがわないことがあります。点数の分布が正規分布にしたがわない場合，偏差値は学力のよい指標にはなりません。

正規分布

正規分布をあらわす関数（上段）と，正規分布のグラフ（下段）をえがきました。

正規分布をあらわす関数

$$f(x)=\frac{1}{\sqrt{2\pi\sigma^2}}e^{-\frac{(x-\mu)^2}{2\sigma^2}}$$

（π：円周率，σ：標準偏差，σ^2：分散，
e：自然対数の底，μ：平均値）

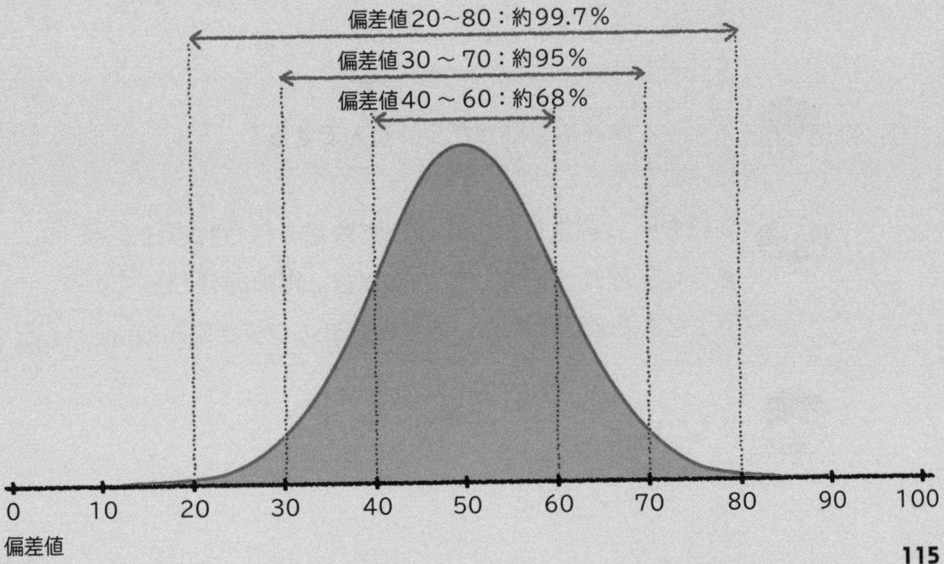

博士！
教えて!!

数学者ってどんな人？

博士，数学者って，どんな人ですか？

ふむ。大ざっぱにいうと，数学者は，数学の未解決の問題を研究している人たちじゃ。

未解決の問題？

うむ。数学の研究をしていると，すぐには答のわからない難問にぶつかることがある。何日か考えて答がわかるものもあるけれど，ずっとわからないものもある。それが，未解決の問題じゃ。中には，何十年も答がわからないままになっているものもあるんじゃ。

へぇ～。問題は，誰かがつくるんですか？

問題を一つ解決したら新しい問題があらわれることもあるし，問題を研究しているうちに別の問題が出てくることもある。それが，数学の発展につながるんじゃ。

へぇ～。

2 × 5
3
≠ 9
+ ÷
8 6
=

— 相関 —

10 関連してそう。でも原因と結果の関係とは限らない

「因果関係」と「相関関係」はちがう

ニュースの中には，統計的な調査結果を伝えるものもあります。そうした調査結果を見るときに，注意すべきことがあります。**それは，「相関関係」と「因果関係」はちがうということです。**

ある量が増加するときに別の量も増加する傾向がある場合，「正の相関関係がある」といいます。逆に，ある量が増加するときに別

相関関係

正の相関関係（A），負の相関関係（B），相関関係なし（C）の，典型的な散布図をえがきました。散布図とは，縦軸と横軸にそれぞれ別のデータを対応させ，点を打ってつくった図です。

A. 正の相関関係

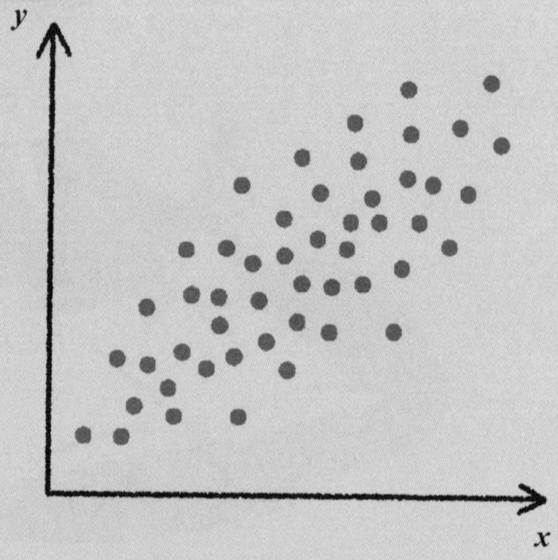

xの値がふえるとyの値もふえる，xの値が減るとyの値も減るといった傾向が見られる場合，「正の相関関係がある」といいます。

の量が減少する傾向がある場合，「負の相関関係がある」といいます。そしてこれらの傾向がない場合,「相関関係がない」といいます。

一方，「因果関係」とは，二つのものごと（事象）が「原因」と「結果」の関係にあることを意味します。

注意しないと，「疑似相関」にだまされる

注意すべきなのは，相関関係がある二つの事象の間に，必ずしも因果関係があるとはかぎらないということです。 そこに注意しないと,「疑似相関」にだまされてしまうことがあります。疑似相関とは，二つの事象の間に因果関係がないにもかかわらず，相関関係が認められ，因果関係があるようにみえてしまうことをいいます。

B. 負の相関関係

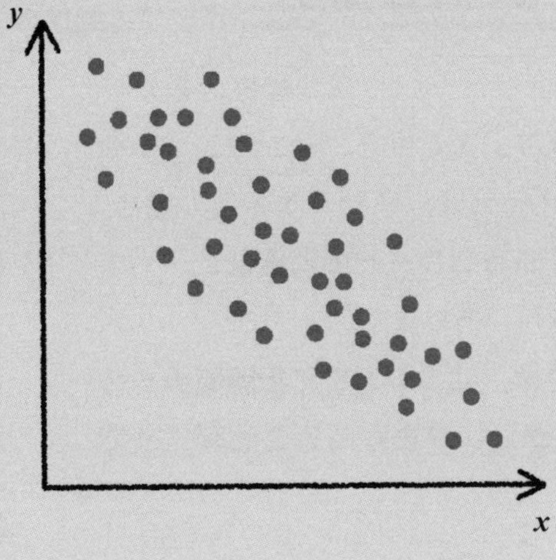

xの値がふえるとyの値が減る，xの値が減るとyの値がふえるといった傾向が見られる場合，「負の相関関係がある」といいます。

C. 相関関係がない

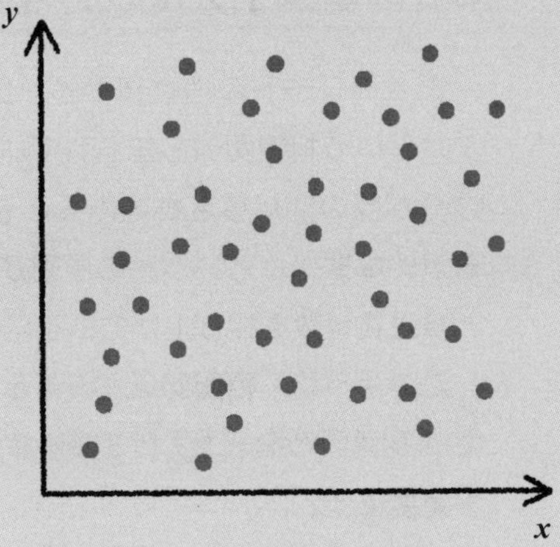

xの値の増減とyの値の増減に一定の関係が見られない場合，「相関関係がない」といいます。

— 相関 —

11 にせの原因にまどわされず，真の原因をみつけよう

別の原因が，両方に影響をあたえている

統計で，ビールの販売額がふえると水難事故の件数もふえる，という相関関係がみられたとしましょう。そこから，ビールの販売をひかえれば水難事故は減るはずだと考えるのは，早計です。**この場合，「気温」という別の原因が，ビールの販売額と水難事故の件数の両方に影響をあたえていると推測できます。**気温が上がれば，ビールもよく売れ，海や川などで遊ぶ人がふえて水難事故もふえます。気温が下がれば，その逆になります。

「第３の事象」がないか考えることが重要

チョコレートの消費量が多い国ほどノーベル賞受賞者の数が多い，という相関関係も知られています。そこから，チョコレートの成分が脳のはたらきを高めると考えるのは，早計です。この場合，経済的な豊かさという別の原因が，チョコレートの消費量とノーベル賞受賞者数を押し上げている可能性があります。

このように，相関関係をみるときは，二つの事象に相関関係をもたせる原因となった「第３の事象」がないかを考えることが，とても重要です。

疑似相関と因果関係

疑似相関と因果関係の例をえがきました。ビールの販売額と水難事故の件数に相関関係が認められたとしても，それは因果関係があることを意味しません。この場合，気温という別の要素が，それぞれの原因となっています。

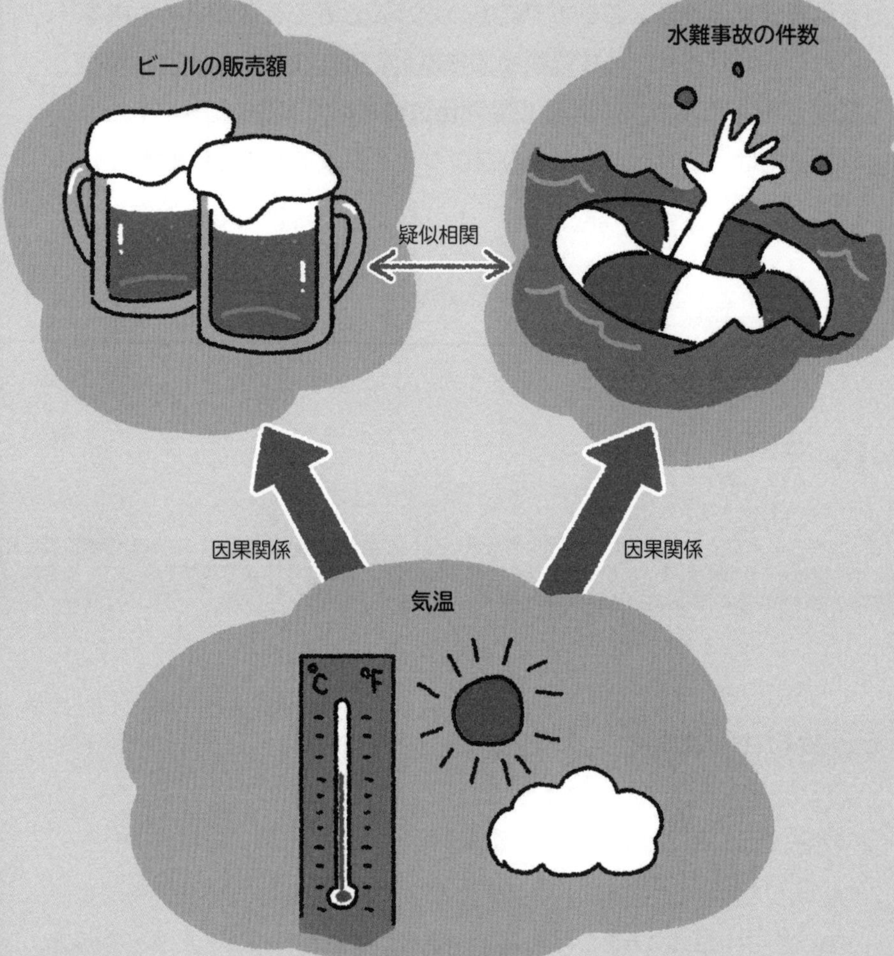

— 公式集 —

12 知っておきたい，確率と統計の重要公式

「順列の公式」「組み合わせの公式」など

このページでは，中高の数学に登場する「確率と統計」にまつわる重要公式のうち，ここまでにあつかうことができなかったものを中心に紹介します。**高校の数学で学ぶ「順列の公式」「組み合わせの公式」「ド・モルガンの法則」「相関係数の求め方」です。**ド・モルガンの法則は，コンピューターのプログラミングでも使われます。

①順列の公式

$$ {}_n\mathrm{P}_r = \frac{n!}{(n-r)!} $$

「順列」は，ことなるn個の物の中からr個を選びだして順番に並べるときの，並べ方の総数のことです。「$n!$」はnの階乗で，nからはじめて1ずつ小さな数を1になるまでかけていくことを意味します。たとえば6の階乗は，「$6! = 6 \times 5 \times 4 \times 3 \times 2 \times 1$」です。

②組み合わせの公式

$$ {}_n\mathrm{C}_r = \frac{n!}{r!(n-r)!} $$

「組み合わせ」は，ことなるn個の中から順番を考えずにr個を取りだすときの，選び方の総数のことです。順列とちがって，順番は問いません。

③ド・モルガンの法則

$\overline{A \cup B} = \overline{A} \cap \overline{B}$

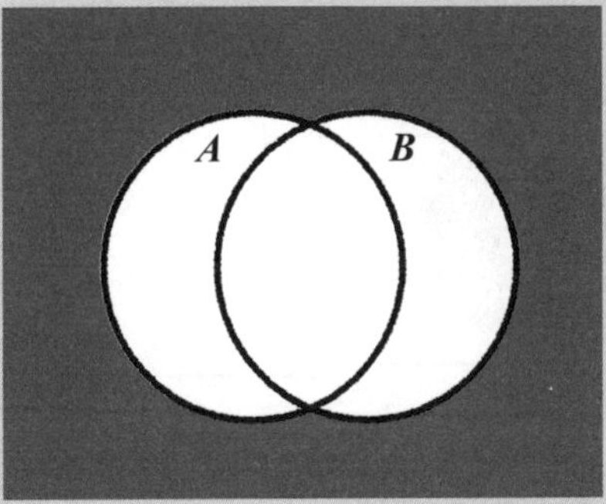

$\overline{A \cap B} = \overline{A} \cup \overline{B}$

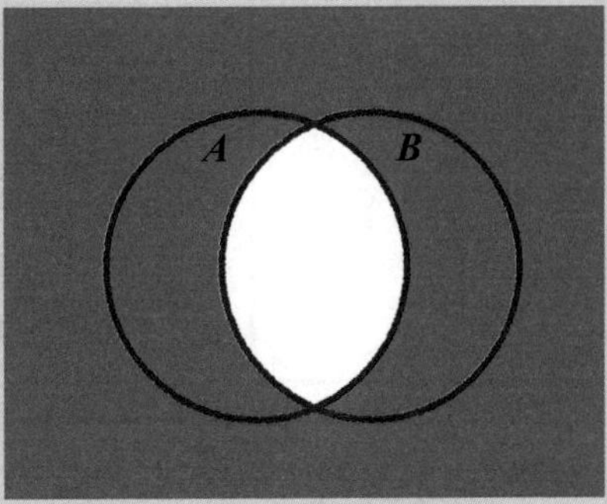

上の図は，集合どうしの関係を視覚的に示した，「ベン図」とよばれるものです。AやBは，複数の要素からなる，「集合」をあらわしています。∪は，「または」を意味する「合併集合（和集合）」の記号です。∩は，「かつ」を意味する「共通部分」の記号です。AやBなどの上についた横棒は，「否定」を意味し，$\overline{\mathrm{A}}$は「全体からAをのぞいた集合」を意味します。図の紫色の部分が，それぞれの図の上に示した等式（ド・モルガンの法則）があらわす集合です。式で見ると，なぜこれらの両辺の集合が等しいのかわかりにくいかもしれません。下のベン図も参考にしてください。

$A \cup B$

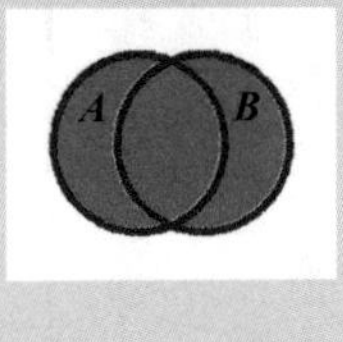

$A \cap B$

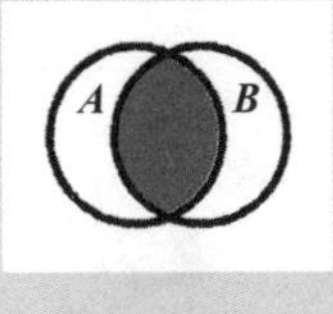

$\overline{A}$

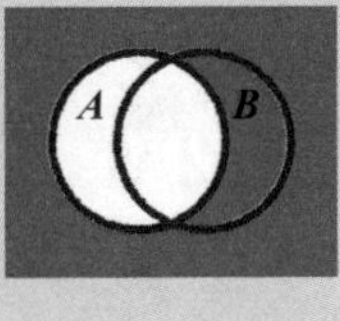

$\overline{B}$

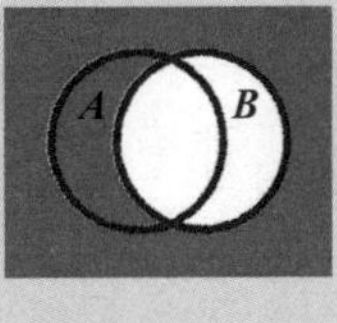

④相関係数の求め方

$$\text{相関係数} = \frac{\frac{1}{n}\{(x_1 - x_{\text{平均}})(y_1 - y_{\text{平均}}) + (x_2 - x_{\text{平均}})(y_2 - y_{\text{平均}}) + \cdots + (x_n - x_{\text{平均}})(y_n - y_{\text{平均}})\}}{\sqrt{\frac{1}{n}\{(x_1 - x_{\text{平均}})^2 + (x_2 - x_{\text{平均}})^2 + \cdots + (x_n - x_{\text{平均}})^2\}}\ \sqrt{\frac{1}{n}\{(y_1 - y_{\text{平均}})^2 + (y_2 - y_{\text{平均}})^2 + \cdots + (y_n - y_{\text{平均}})^2\}}}$$

$$= \frac{(x\text{と}y\text{の共分散})}{(x\text{の標準偏差}) \times (y\text{の標準偏差})}$$

2種類のデータのn個の組を，$(x_1,\ y_1)$，$(x_2,\ y_2)$，…… $(x_n,\ y_n)$としたとき，相関係数rは上のような式で計算されます（$x_{\text{平均}}$はxの平均値，$y_{\text{平均}}$はyの平均値）。相関係数rは，$-1 \leqq r \leqq 1$の値をとります。rが－1に近いと「負の相関が強い」，rが1に近いと「正の相関が強い」ことを意味します。また，rが0に近いと「相関がない」とみなされます。

牧師で数学者，ベイズ

イギリスの神学者で数学者のトーマス・ベイズ（１７０１～１７６１）は
長老派の牧師の７人の子どもの長男としてロンドンで生まれた
１７１９年、エディンバラ大学に入学
非国教徒だったためオックスフォード大学やケンブリッジ大学への入学は認められなかった
強い信仰心をもつベイズは１７２２年に帰郷し父親の教会で働く
１７３４年から晩年まではケント州の教会で働きながら神学と数学の本を１冊ずつ出版
１７４２年には数学の研究が評価されロンドンの王立協会の会員として認定される
晩年も確率論に深い関心をもつなど数学の研究を熱心につづけた
1
2
3

ベイズの定理の誕生
スコットランドの哲学者の
ヒュームは
「人間が神の存在を
証明することは不可能」
とした
敬虔なベイズは
神の存在をなんとか
証明したいと考えた
そこで生まれたのが
原因から結果を
推定するのではなく
原因
結果
今ある事実（結果）
からその原因を
推定するという
「ベイズの定理」だった
ベイズはこの定理を
発表せずに亡くなり
友人のプライス牧師が
1764年に公表
やがてフランスの数学者の
ピエール＝シモン・ラプラス
（1749～1827）が
数学的に洗練した
現在、
客観性に欠けるなどの
批判もあるものの
AI
ベイズの定理は
ビジネスやAIなどの
さまざまな分野で
役立っている

シリーズ第49弾!!

ニュートン式 超図解 最強に面白い!!

ダイエット

2022年9月下旬発売予定　A5判・128ページ　990円（税込）

ダイエットがむずかしい理由の一つは，体重が私たちの想像よりも，ゆっくりとしか変化しないからではないでしょうか。そのため,「○○ダイエット」などの手軽でまちがった方法を，つい試してみたくなってしまいます。

ダイエットは，正しい方法で行えば，必ず体重を減らすことができます。食事の量をどれだけ減らせばいいのか，どの栄養素をどれだけとればいいのか，どんな運動をどれだけすればいいのか。ダイエットにまず必要なのは，正しい方法を知ることです。そしてその正しい方法を実践することこそが，ダイエット成功への近道なのです。

本書では，ダイエットの正しい方法について，“最強に”面白く紹介します。ぜひご期待ください！

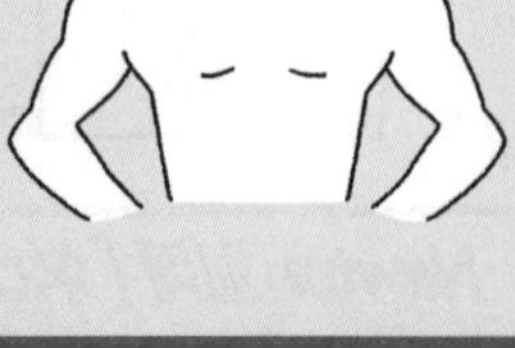

主な内容

やせる前に，肥満を知ろう

肥満度が簡単に判明してしまう!!　BMI
BMIが大きくなるほど，病気もふえる　ほか

やせるために，栄養素を知ろう

栄養素を知らなければ，正しくやせることはできない
炭水化物は，エネルギー。余ると脂肪になる　ほか

やせるために，正しく食事しよう

1日にとるべきカロリーは，基礎代謝から計算できる！
糖質制限ダイエットは，おすすめできない　ほか

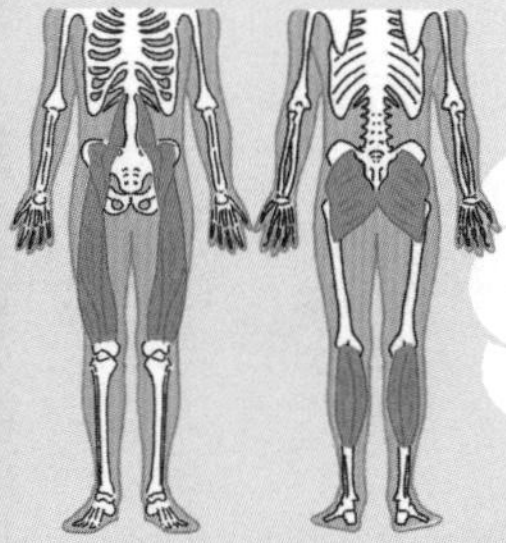

やせるために，正しく運動しよう

運動…。どんな運動をどれぐらいすればいいの
有酸素運動＋筋トレで，鬼に金棒　ほか

Staff

Editorial Management　木村直之
Editorial Staff　井手 亮，竹村真紀子
Cover Design　田久保純子
Editorial Cooperation　株式会社 キャデック（高宮宏之）

Illustration ほか

表紙カバー　羽田野乃花，吉原成行さんのイラストを元に羽田野乃花が作成
表紙　羽田野乃花，吉原成行さんのイラストを元に羽田野乃花が作成
3　羽田野乃花
4　吉原成行さんのイラストを元に羽田野乃花が作成，羽田野乃花
5~7　羽田野乃花
15~17　吉原成行さんのイラストを元に羽田野乃花が作成
19~21　羽田野乃花
23　吉原成行さんのイラストを元に羽田野乃花が作成，羽田野乃花
24~79　羽田野乃花
81　吉原成行さんのイラストを元に羽田野乃花が作成
82~125　羽田野乃花
74~93　DTP Operation 村岡志津加（Studio Zucca）

監修（敬称略）：
小山信也（東洋大学理工学部教授）

本書は主に，Newton 2021年3月号特集『中高の数学』の記事に，大幅に加筆・再編集したものです。

初出記事へのご協力者（敬称略）：
小山信也（東洋大学理工学部教授）

ニュートン式
超図解 最強に面白い!!
中高数学

2022年9月15日発行

発行人　高森康雄
編集人　木村直之
発行所　株式会社 ニュートンプレス　〒112-0012東京都文京区大塚3-11-6
https://www.newtonpress.co.jp/

ISBN978-4-315-52598-4